不確定性產權流轉會計論

陳潔

前言

　　產權是市場經濟的基礎，明晰產權關係可促進社會經濟的發展。產權流轉包括全部產權交易和部分產權流轉。部分產權流轉是指使用權和收益權的流轉，如土地使用權流轉、礦業權流轉以及租賃業務等。中國法律明確規定，土地和礦產資源歸國家所有，人們只能擁有土地和礦產資源的使用權和部分收益權。本書在這種特殊的公有產權制度下，以價值理論、產權理論、契約理論、不確定性理論以及財務會計概念框架理論為基礎，運用規範分析和實證分析相結合的研究方法，分析不確定性的部分產權流轉價值的構成、計量與信息披露。

　　本書根據部分產權流轉不確定性程度的高低，將產權流轉分為高度不確定性產權流轉、中度不確定性產權流轉和低度不確定性產權流轉，並構建了不確定性下產權流轉的會計理論框架。由於不確定性程度的不同，在進行產權流轉的價值計量與信息披露時，選擇的計量屬性也有所不同。對高度不確定性的產權流轉，主要以公允價值計量；對中度不確定性的產權流轉，採用公允價值與歷史成本計量屬性混合計量；對低度不確定性的產權流轉，以歷史成本計量為主，輔以公允價值計量。

　　高度不確定性產權流轉計量主要以礦業權為例。礦業權在勘探開採之前的流轉具有極大的不確定性。礦業權流轉包括礦產資源權益的交換、轉讓、租賃、合作經營等方式，會計作為提供信息的工具，必然反應這些問題。礦業權流轉的不確定性程度極大，為了反應礦業權流轉過程的風險，建議採用公允價值計量礦業權流轉價值，從受讓方和轉讓方兩個角度探討礦業權流轉過程中的價值計量。

中度不確定性的產權流轉計量主要以土地使用權為例。在中國特殊的產權體制下，土地產權只能部分流轉。現行會計準則沒有為土地流轉發布單獨的會計規範，導致會計信息缺乏可比性。在市場經濟迅猛發展，尤其是房地產市場蓬勃發展的今天，土地流轉越來越頻繁，運用公允價值計量土地流轉價值成為現實。本書從土地二級市場的轉讓方和受讓方角度探討中國土地流轉價值計量，以期對中國土地流轉相關政策的制定提供理論參考。

對低度不確定性的產權流轉計量主要以租賃業務為例。本書闡述租賃業務的產權內涵、分析現行世界各國租賃會計的發展情況。本書以4家上市航空公司為例，闡述中國承租人和出租人的會計處理現狀，並根據國際會計準則理事會提出的租賃業務新模式，分析將經營租賃承諾資本化後，將會對公司的資產、負債、流動比率、資產負債率等財務比例產生怎樣的影響。結果表明，經營租賃承諾資本化後，公司的流動比率、資產負債率都較資本化前有所提高。

信息披露是不確定性產權流轉會計的重要部分。本書闡述礦業權流轉、土地使用權流轉以及租賃資產使用權流轉的信息披露問題。不確定性產權流轉中最大的問題就是風險，本書採取實證研究的方法分析高度不確定性產權流轉、中度不確定性產權流轉和低度不確定性產權流轉在風險披露方面的異同，認為在高度不確定性程度下應披露更多的信息。

本書的創新點如下：

第一，在中國特殊的公有產權制度下，以使用權流轉為主的產權流轉會計研究具有中國特色，在國內屬首創。

第二，現行會計規範對礦產資源、土地使用權及租賃資產使用權的會計處理多以歷史成本為基礎，沒有考慮資源的價值。本書以公允價值為計量基礎，研究產權流轉價值的計量與信息披露。

第三，將契約理論和不確定性理論運用到產權流轉會計中，突破了會計學就會計談會計的局限，將會計理論與產權理論、契約理論、不確定性理論密切聯繫在一起，彌補了產權經濟理論研究的缺陷。根據不確定性程度的高低進行會計計量和信息披露是本書的重要創新點。

陳潔

目錄

1 緒論 / 1

1.1 選題背景與意義 / 1

 1.1.1 選題背景 / 1

 1.1.2 研究意義 / 2

1.2 文獻綜述 / 4

 1.2.1 國外研究綜述 / 4

 1.2.2 國內研究綜述 / 14

 1.2.3 研究述評 / 20

1.3 研究思路與研究內容 / 21

 1.3.1 研究思路與技術路線 / 21

 1.3.2 研究內容 / 23

 1.3.3 主要創新點 / 26

 1.3.4 重點與難點 / 27

 1.3.5 研究範圍 / 27

2 產權流轉會計的基本問題 / 28

2.1 產權流轉會計相關的理論基礎 / 28

  2.1.1 價值理論 / 29

  2.1.2 產權理論 / 30

  2.1.3 契約經濟學理論 / 30

  2.1.4 產權會計理論 / 31

  2.1.5 財務會計概念框架理論 / 32

  2.1.6 不確定性會計理論 / 34

2.2 產權流轉會計的基本問題 / 36

  2.2.1 產權流轉的不確定性分析 / 36

  2.2.2 不確定性產權流轉會計的理論框架 / 40

2.3 本章小結 / 57

3 高度不確定性產權流轉計量：以礦業權為例 / 58

3.1 礦業權的界定及礦業權流轉制度的演進 / 58

  3.1.1 礦業權的界定 / 58

  3.1.2 礦業權流轉制度的演進 / 59

3.2 礦業權的價值構成及評估 / 61

  3.2.1 探礦權的價值構成 / 62

  3.2.2 採礦權的價值構成 / 63

  3.2.3 礦業權的價值評估 / 64

3.3 礦業權流轉計量屬性的選擇 / 68

  3.3.1 各國礦產資源會計準則及計量方法比較 / 68

  3.3.2 中國礦業權確認與計量的現狀 / 70

  3.3.3 公允價值在礦業權流轉中的運用條件分析 / 71

3.4 礦業權流轉——受讓方會計 / 78

3.4.1 礦業權取得方式 / 79

3.4.2 礦業權資產的確認 / 79

3.4.3 礦業權資產的計量 / 85

3.5 礦業權流轉——轉讓方會計 / 86

3.5.1 礦業權出售的處理 / 87

3.5.2 礦業權作價出資的處理 / 88

3.5.3 礦業權租賃的處理 / 89

3.5.4 礦業權抵押的處理 / 89

3.5.5 未探明儲量礦業權資產轉讓收益的確認 / 90

3.6 本章小結 / 91

4 中度不確定性產權流轉計量：以土地使用權為例 / 93

4.1 土地產權流轉的內涵 / 94

4.1.1 土地產權及土地產權制度 / 94

4.1.2 土地資產及其特性 / 97

4.1.3 土地產權流轉 / 98

4.1.4 中國土地產權制度的演進過程 / 102

4.2 土地使用權的價值構成及評估 / 104

4.2.1 土地價值的構成 / 105

4.2.2 土地價值評估 / 107

4.3 土地流轉價值的確認與計量 / 109

4.3.1 現行會計政策對土地的核算 / 109

4.3.2　運用公允價值計量土地流轉價值 / 112

4.4　本章小結 / 115

5　低度不確定性產權流轉計量：以租賃業務為例 / 117

5.1　租賃發展概況 / 117

5.2　租賃業務的產權流轉分析 / 119

5.3　租賃資產價值的評估——期權模型的運用 / 120

5.4　租賃會計處理現狀 / 121

　　　5.4.1　現行租賃會計基本規範 / 121

　　　5.4.2　中國航空公司租賃會計處理現狀 / 123

5.5　租賃會計新模式——"使用權"模式 / 130

　　　5.5.1　"使用權"模式下承租人的會計處理 / 130

　　　5.5.2　"使用權"模式下出租人的會計處理 / 141

5.6　本章小結 / 144

6　不確定性產權流轉的信息披露 / 145

6.1　會計信息披露的基本規範 / 145

　　　6.1.1　國際會計準則委員會對會計信息披露的規範 / 145

　　　6.1.2　美國財務會計準則委員會對會計信息披露的規範 / 146

　　　6.1.3　中國財政部對會計信息披露的規範 / 146

6.2　不確定性產權流轉的信息披露 / 147

　　　6.2.1　礦業權流轉的信息披露 / 147

　　　6.2.2　土地流轉的信息披露 / 157

6.2.3　租賃業務的信息披露 / 157
  6.3　產權流轉的風險披露 / 171
         6.3.1　風險信息披露的規範 / 171
         6.3.2　中國上市公司產權流轉風險信息的披露現狀 / 172
         6.3.3　產權流轉風險信息披露對策 / 177
  6.4　本章小結 / 179

第7章　研究結論與展望 / 180
  7.1　研究結論 / 180
  7.2　研究展望 / 182

參考文獻 / 184

致謝 / 197

1 緒論

1.1 選題背景與意義

1.1.1 選題背景

產權是市場經濟的基礎，明晰產權關係可促進社會經濟的發展。產權流轉包括完全產權交易和部分產權流轉。完全產權交易是所有權的交易，如商品的買賣。部分產權流轉主要是使用權和收益權的流轉，其所有權不發生轉移，如土地使用權流轉、礦業權流轉以及租賃業務。在市場經濟條件下，產權風險越來越大，產權人為了享有收益，但又不想承擔全部風險，於是簽訂部分產權合約以規避風險，這就是部分產權流轉。

土地和礦產資源是國民經濟發展的支柱。中國法律明確規定，土地和礦產資源歸國家所有，人們只能擁有使用權，因此土地使用權和礦業權是有限支配的他物權。在這種特殊的公有產權制度下，中國允許土地使用權、礦業權在公開的交易平臺依法、合理、有序流轉，流轉方式包括出讓、轉讓、抵押、出租、繼承等。產權只有通過市場流轉才能實現保值和增值，引導資源合理有效配置。

法律明確的是產權的權利屬性，但產權的價值屬性則要運用會計工具計量。社會經濟發展史充分證明，會計在產權界定、價值實現和監督產權價值流轉方面起著重大的作用。會計的重要性就在於它可以運用計量的方式反應產權的歸屬、產權價值的轉移、產權流轉的風險，這是其他工具無法代替的。產權轉讓方可運用會計工具計量流轉的收益；產權受讓方可運用會計工具計量產權的取得成本，反應產權持有期間公允價值變動對資產和損益的影響，同時通過財務報表披露產權流轉過程的風險並進行控制。在市場經濟中，產權流轉是通過契約來實現的，契約的簽訂、執行與考核都離不開對相關產權權利的界定、價值的計量以及對產權變動情況的記錄，這些工作是由會計來完成的。因此，會計是反應產權流轉的基本工具。

產權流轉過程充滿著未來的不確定性，會面臨法律風險、經濟風險和社會風險等。目前的會計基本是確定性會計，即收益和風險伴隨著所有權的轉移完全轉移。隨著社會的發展，不確定性越來越大，風險也越來越難以控制，如何計量產權流轉過程中的部分收益和部分風險，這是部分產權流轉過程中的特殊問題。因此，加強產權流轉的風險管理和監督，是產權流轉健康發展的重要前提和保證。在產權流轉過程中，發揮會計監督的職能，利用適當的會計控制手段進行風險管理無疑是一個有效的途徑。但目前中國還沒有與產權流轉相關的會計準則，本書將對產權流轉會計問題進行系統的分析，構建產權流轉會計規範的理論框架，以有利於中國產權流轉的健康發展和產權市場的安全穩定。

1.1.2　研究意義

土地資源和礦產資源對國民經濟發展起到了支撐作用。20世紀80年代，中國城市土地開始實施有償使用制度，以土地資源配置市場化為目標的城市土地使用制度改革蓬勃發展，城市土地市場應運而生。礦業權的有償使用制度出抬稍晚，1996年修訂後的《中華人民共和國礦產資源法》才確立了探礦權、採礦權有償取得和依法轉讓的基本法律制度。1998年，國務院頒布了三個礦業權行政法規①，啟動了礦業權市場建設試點工作，標誌著礦權市場正式啟動。尤其是在中國的航空業和建築運輸業中，租賃業務因為可以緩解公司的資金壓力，而倍受矚目。

  部分產權流轉價值的計量問題一直困擾著會計界。國際會計準則理事會（IASB，下同）和美國財務會計準則委員會（FASB，下同）近年來也在積極研究討論，擬制定相應的較完善的會計準則。對產權流轉價值的確認、計量和信息披露進行全面的論述，構建相對完整的產權流轉會計理論體系，既具有較高的理論價值，又具有重要的社會實踐價值，不僅對於發展會計理論、資源經濟學理論具有重要的理論意義，而且有利於中國產權市場化改革和資源的合理配置。尤其是在全球倡導低碳經濟、保護大氣環境的理念下，開展產權價值計量與信息披露研究，可促進資源的有效開發和利用，提高經濟效益和生態效益，促進環境條件的改善。只有產權流轉價值構成弄清楚了，會計上的計量和披露問題解決了，產權市場化進程才能有效進行，中國產權權益分配的弊端才能有效解決。該項研究對構築現代產權制度，落實產權流轉運作機制具有重要的意義，可推動中國產權流轉市場盡快步入健康發展的軌道，指導中國產權流轉會計制度的建設，拓展會計的研究視野，對會計規則的改進、對中國會計信息質量的提高、對中國產權市場及資本市場的發展均具有較大的價值。

---

① 1998年2月12日國務院頒布了《礦產資源勘查區塊登記管理辦法》《礦產資源開採登記管理辦法》與《探礦權採礦權轉讓管理辦法》三個礦業權法規。

1.2 文獻綜述

1.2.1 國外研究綜述

1.2.1.1 關於產權基本理論的研究

第一，關於產權定義的研究。掌握產權理論，必須首先理解產權的概念。產權是與財產相關的一束權利，反應人們在經濟活動中圍繞財產所形成的一系列社會關係，沒有財產就不會有權利。不同的財產可以派生出不同的權利，如股權、債權、知識產權、物權、抵押權、質押權等。財產的權利不僅歸所有者所有，非所有者也可以對財產擁有部分權利。經濟學和法學都對產權進行了定義。因此，產權概念在文獻中是五花八門的，並沒有一個統一的規範。阿爾欽（Alchian，1965）參考了法律文獻，認為狹義的大陸法和廣義的英美法律一樣，有絕對權利和相對權利之分。馬瑞曼（Merryman，1985）認為絕對權利是針對所有人，相對權利是針對使用者。丹尼爾和格羅斯曼（Daniel & Grossman，2000）認為法律界採用關係來定義產權，如果某人對某物擁有所有權，則其他人有相應的義務不去干擾他的佔有和使用。除此之外，弗魯博頓和里克特（Furubotn & Richter，2000）延伸了產權的概念，不僅包括法律權利，也包括公約權利，如禮儀、社會風俗和排斥。

在經濟理論上，德姆塞茨（Demsetz，1967）主要從產權的功能和作用來定義產權，他認為產權是一種社會工具，可幫助權利人合理地擁有財產。諾斯（North，1990）將產權界定為個體對他們所擁有的自己勞動、商品和服務的適當的權利。① 這個定義與德姆塞茨（Demsetz）對產權的定義基本一致。阿爾欽（Alchian, 1965）認為產權是權利人對經濟商品的一束強制使用權利。伊特韋爾（Eatwell, 1987）認同阿爾欽對產權的定義。巴澤爾（Barzel, 1989）聲稱個體對資產的權利包括消耗該資產或轉讓該資產從中獲得收入，並進一步指出，法律權利作為規則是用來加強經濟權利的。美國經濟學家尼科爾森（Nicholson, 1992）將產權定義為所有權和所有者的各項權利的法律安排。弗魯博頓和派卓維奇（Furubotn & Pejovich, 1972）認為產權是人們在利用稀缺資源時產生的人與人之間的關係。

國外學者從經濟學和法學的不同角度闡述了產權的定義，其要點可歸納為：其一，產權是圍繞財產的一系列社會關係；第二，產權是一種法律權利，包括相對權利和絕對權利；其三，產權是一種社會工具，反應人與人之間的關係。西方學者的產權概念基本上以私有產權為出發點。

第二，關於產權內容的研究。財產的權利由權能部分和利益部分構成，二者相互依存、內在統一。德姆塞茨（Demsetz, 1964）認為產權是依附於物品或勞務的"一組"權利，只要存在兩組產權就可發生交換。弗魯博頓和派卓維奇（Furubotn & Pejovich, 1972）將產權分為使用權和處置權兩大類，使用權是使用財產的權利，處置權又分為出售和出租權利兩類，出售是轉移財產的全部權利，出租是轉移財產的部分權利。20 世紀末英國學者 P. 阿貝爾（1994）認為產權不僅包括所有權，還包括使用權、管理權、轉讓權、禁止損害權等其他權利。西班牙學者施瓦茲（P. Schwartz, 1974）則認為產權還包括投票方式的權

---

① 諾斯. 經濟史中的結構與變遷 [M]. 陳鬱, 等, 譯. 上海：上海三聯書店, 1991：21.

利、行政特許權、履行契約權等。

第三，關於產權結構的研究。羅馬法典指定了產權的幾種類別，所有權包括使用資產的權利、從使用資產中獲得收益的權利、改變資產形式和內容的權利，在雙方商定的價格基礎上有權轉讓全部或部分上面規定的權利給其他人。阿爾欽和德姆塞茨（Alchian & Demsetz，1972）從"經濟權利"角度考慮，如果土地使用者能夠充分行使法律上的權利並承擔行動的後果，則在特定的所有權對象中可能同時存在多重利益。根據布蘭道和菲德爾（Brandao & Feder，1995）的觀點，產權可分為開放進入、公共財產、私有財產和國家財產四種類型。諾斯等（North，1990；T. Yang，1987）聲稱，公共產權招致低生產效率，因為沒有人有動機去努力工作以增加他們的私人收益。有學者（Cheung，1970）認為公共產權是一種促進租金消散的產權形式。阿爾欽和德姆塞茨（Alchian & Demsetz，1972）進一步論證，公共權利的困難在於它不利於精確計量成本，擁有公共權利份額的人們往往忽略他們的行動後果來行使權利，因此這種產權制度產生了交易成本。在私人產權制度下，土地分配給具體的個人或法人實體，國家或社區可對這些權利施加某種正式的或非正式的限制。有學者（Cheung，1974；Alessi，1980）指出，私有產權是使用資源的專有權，從中產生收益，並自由轉讓全部或部分所有權。國家所有權是國家擁有資源的所有權，但可通過出租或其他方式轉讓一些權利給私人用戶或社區，如允許在國有土地上放牧。當國家不能主張權利時，國家財產有可能變為事實上的私有財產。克維爾（Kivell，1993）指出，在混合經濟占主導地位的西方世界，土地所有權主要在公共部門和私營部門之間分配。馬西和卡特雷諾（Massey & Catalano，1978）根據土地在生產過程中發揮的功能，將英國的私有土地所有權劃分為三種形式，包括工業用地所有權、資本土地所有權和原始土地所有權。

第四，關於產權作用的研究。巴澤爾（Barzel，1989）認為人類社會的一切制度，都可以放置在產權框架裡加以分析。經濟理論表明，私有產權功能是為高效使用資源建立的動機誘因。德姆塞茨（Demsetz，1967）認為產權的主要功能是引導激勵將外部因素實現更大的內部化。同樣，里貝卡（Libecap，1986）認為產權通過激勵影響經濟行為。艾烈希（Alessi，1983）參照阿爾欽的作品，指出不同的產權制度表示決策者不同的激勵結構，導致不同的資源組合和不同的輸入輸出混合數。產權功能建立了激勵機制，能有效地利用資源，提高經濟效益。

第五，關於交易成本與產權關係的研究。在新古典主義世界中，交易成本為零是純理論性的。在現實世界，交易成本是存在的。阿羅（Arrow，1969）將市場失敗的原因主要歸於交易成本，是交易成本完全或部分阻礙了市場的形成。沃爾特斯（Walters，1983）認為不斷增大的交易成本阻礙了城市土地的流轉。艾列希（Alessi，1983）認為由於存在正的交易成本，資源的一些權利將不能充分分配，也不能充分執行或定價。資產轉移需要成本，但交易成本如果非常高昂，則權利人可能放棄具有吸引力的交換，限制市場的准入和退出，惡化流動性。在交易成本普遍存在的情況下，產權安排對生產和分配具有深遠和持久的影響。

第六，關於產權制度變遷的研究。產權不存在於制度真空中，產權由社會制度和社會規範加以約束，制度和社會規範隨著時間的推移而發生變更，進而影響產權。

產權制度是多樣性的，也是不斷變化的。研究產權制度的變遷，可以遵循均衡的途徑，也可以遵循演進的途徑，阿爾欽（Alchian，1958）曾認為這兩條途徑對經濟行為的解釋是等價的。事實上，均衡分析一般處理經濟因素，而演進理論往往處理非經濟因素。德姆塞茨（Demsetz，1967）從經濟因素來揭示產權制度的形成與變遷，揭示了資源稀缺程度和相對價格因素的影響。安德森和希爾（Anderson & Hill，1975）揭示了界定和執行產權的技術變化對產權契約的影響。這些理論都把產權制度變遷看作是一個常規過程，把研究的重心放在了產生制度結果的基本經濟力量上。但是歷史上的產權制度並不僅僅是對廣泛的經濟壓力做出的反應，它們也是利益衝突博弈和妥協的結果。烏姆貝克（Umbeck，1977）從非經濟因素來揭示產權制度形成與變遷規律，他以美國西部淘金時期的經驗事實論證了"強力界定權利"。斯科特和安德魯（Schotter Andrew，1980）不僅用博弈論闡釋了哈耶克自發秩序的基本原理，而且也證明產權不僅僅可以協調生產性活動，也成為"保持收入分配不平等的制度"，並且提供了維持秩序的作用。諾斯（North，1981）揭示了技術因素和人口壓力的影響。里貝卡（Libecap，1989）論證了政治因素對產權締約的影響，認為許多制度都是由獨裁者、強勢利益集團和政治上的多數派創立的，他們建立這些制度的目的就是為了犧牲他人利益從而使自己獲利。薩格登（Sugden，1995，1998）認為大多數與產權界定有關的行為慣例都起源於"先到先得"原則。H.培頓·揚（Young H.P，1993，1996）用討價還價模型，說明了在沒有第三方理性設計的情況下，自利且理性有限的個人可以在稀缺資源的競爭中自發組織一種互惠互利的產權制度。

無論不同學者的觀點與方法有怎樣的區別，有以下幾點是共同的：其一，產權界定清晰與否是決定市場交易及資源配置有效性的根本條件；其二，產權制度中，權利與風險責任的對稱是保證監督有效的必要條件；其三，私有產權越純粹，資本及有關產權相互間界定越嚴格，市場機制越有效。

1.2.1.2 關於資源產權的研究

資源的稀缺性決定了明確資源產權的重要性。稀缺性是產權產生的基本前提。礦產資源和土地資源交易的實質是其產權的交易。里貝卡（Libecap，1986）對產權的發展歷程進行了梳理，認為在通常情況下，產權分配更重要，並鼓勵市場交易，不讚成政治再分配。薩姆納（Sumner J. La Croix，1992）從澳大利亞和美國的淘金熱分析兩國的礦產資源產權安排。內利·傑姆斯（Nellie James，1997）研究了巴布亞新幾內亞國家的礦產資源產權安排和產權政策，該國礦產資源歸國家所有，國家有權獲得礦產開發的回報。海倫娜·麥克勞德（Helena McLeod，2000）研究了斐濟的礦產資源產權安排，該國的土地所有者擁有土地上面和下面的一切，包括礦物質。此外，美國、加拿大、澳大利亞和南非都在積極研究新的礦產資源政策，制定科學合理的產權安排。林達·費爾南德斯（Linda Fernandez，2006）通過實證研究，探討了不同產權制度下的森林資源和持續農業框架下的土壤質量退化，提出共同財產和私人財產權利可能導致類似的資源保護。

土地資源方面，伊利等（1924）闡述了土地所有權影響到土地的利用效率和自然資源的保護問題，他們將土地產權分為公有、私有和共有三類。阿朗索（Alonso，1964）是最早對土地市場進行研究的學者，他完善了約翰·馮·屠能的競標地租理論，在城市土地市場均衡時形成了城市土地利用結構。米爾斯（Mills，1967）進一步發展了阿朗索的單一城市中心模型，使該模型成為研究城市土地利用結構以及城市經濟結構的基礎。普拉托（Platteau，1996）提出了"土地權利進化理論"的觀點，認為土地地契隨著土地稀缺和土地矛盾的增多而逐步形成，並最終從增長的人口和農業商品中實現流動。特斯法耶（Tesfaye Teklu，2004）對埃塞俄比亞農村土地及新興的土地租賃市場進行研究，認為土地使用權的轉移可以增加社會福利，土地的長期佔有權安全可以加強土地的租賃。威廉·科塔爾該（Willem K. Korthals Altes，2006）認為應建立單一的歐洲土地市場，利用國家援助和公共採購來影響土地的開發。薩圖尼諾·M. 博拉斯·JR（Saturnino M. Borras JR，2005）借鑑巴西、菲律賓和哥倫比亞的土地改革經驗，認為以市場主導的、自願的農村土地分配改革更方便土地的流轉。科林和穆拉德（Jean–Philippe Colin & Mourad Ayouz，2006）以科特迪瓦土地市場為例，探討了非洲農村土地出售的情況。諾威（Nivelin Noev，2008）認為土地產權、合同條款、人力資本和社會經濟因素對保加利亞土地出售和租賃行為產生重要的影響。安卡利塞茨（Anka Lisec）等（2008）對國際的交易模式和不同房地產市場的房產轉讓情況進行了比較，並提出了農村土地產權轉讓的詳細方式，建立一個可視化模型。蒂姆·狄克遜（Tim Dixon，2009）根據英國城市地產發展趨勢回顧了過去 50 年的背景，界定了城市地產的所有權問題。還有學者（Espen Sjaastad & Ben Cousins，2008）提出"產權化可作為減少貧困的一種方法"的觀點。他們認為貧困並不是沒有資產，而是因為缺乏規範的受保護的產權。富裕國家之所以富裕，是因為其農田、森林、房屋等物品的擁有是以所有權來證明的。貧窮國家的居民雖有房子，但不擁有權利憑證；雖有農作物，但沒有契約；雖有業務，但沒有納入法規。

1.2.1.3　關於產權會計的研究

會計是建立在產權關係基礎上的。產權制度不同，相應的會計也不同。當現代產權理論發展成熟之後，會計研究人員開始將其運用於會計理論與實務方面，形成了產權會計。瓦茨和齊默爾曼（2006）運用產權理論來解釋會計與審計問題，認為會計和審計是為監督企業契約簽訂和執行而產生的。大衛·艾勒曼（1982）比較了經濟價值與會計價值的差異，構建了一個矩陣式的產權會計系統。國外的研究雖然都觸及了產權與會計的結合，但都沒有形成體系。

第一，礦業權流轉會計規範研究。在礦業權會計的規範研究方面，美國、澳大利亞以及國際會計準則委員會等國家或國際組織紛紛對礦產資源的會計處理進行規範。美國是研究礦產資源會計問題較早且較系統的國家，其在石油天然氣會計問題方面，走在了世界前列，研究成果豐碩。FASB 在 1975—1995 年先後發布了 6 份關於石油天然氣的準則公告，包括美國財務會計準則（SFAS，下同）No.9、SFAS No.19、SFAS No. 25、SFAS No.39、SFAS No.69、SFAS No.121。美國對礦業權流轉過程的規範主要涉及成果法、完全成本法下的石油天然氣資產的計量、攤銷、減值及信息披露等問題，並對礦業權的轉讓進行了詳細的規範。

國際會計準則理事會近些年來積極推動採掘業會計研究並取得成效。其前身組織國際會計準則委員會（IASC，下同）於 1998 年專門成立了一個指導委員會，開始研究採掘活動會計與財務報告問題。當時，採掘行業有了較大的發展，但其會計和報告實務卻極不規範。該指導委員會於 2000 年 11 月發布了"採掘行業問題報告"，提出了採掘行業會計的 33 個問題，但只對少數問題形成了暫行觀點。2001 年 7 月，IASB 宣布，在時間允許的情況下，將重新啓動該研究項目，其最終目標是開發一項全球趨同的、涉及採掘行業全部上游活動的礦產資源國際財務報告準則。2002 年 9 月，IASB 認為，無法在短時間內為 2005 年採用國際財務報告準則（IFRS，下同）的許多實體完成關於採掘行業會計的全面項目，但是必須為這些實體提供一項處理勘探與評價成本的指南。因此，2004 年 12 月，在"採掘行業問題報告"的基礎上，IASB 發布了 IFRS 6 "礦產資源的勘探與評價"，首次對礦產資源勘探與評價活動的會計問題進行規範，為採掘行業會計實體提供了一項處理勘探與評價成本的準則應用指南，但 IASB 沒有對開發、生產和廢棄環節進行規範。

澳大利亞的礦產資源非常豐富，澳大利亞會計準則委員會（AASB，下同）對採掘業會計研究較早且較全面，建立了具有本國特色的會計準則體系，採用權益區域法對礦產資源進行核算。1989 年，AASB 發布了採掘業專門準則 AASB 1022 "採掘行業會計準則"，澳大利亞會計師協會和澳大利亞會計研究基金會發布了"採掘行業會計準則"（AAS 7），兩者名稱相同，且技術性的內容也一致，只是前者應用於公司企業，後者應用於私營部門的非公司報告主體以及公營部門的商業企業。AASB 為了使其準則與 IASB 的 IFRS 趨同，在 IASB 發布 IFRS 6 的同時，也發布了與 IFRS 6 對等的澳大利亞會計準則第 6 號 "礦產資源的勘探與評價"。

其他國家如加拿大、英國和印度尼西亞等國也發布了相應的石油天然氣會計準則或公告，如加拿大的石油天然氣行業完全成本會計準則、英國的石油天然氣勘探、開發、生產和廢棄活動會計公告、印度尼西亞的石油天然氣行業會計準則。

第二，土地流轉會計規範研究。土地資源作為企業重要的、必備的勞動資料，具有資產屬性，是為企業所控制的，能給企業帶來未來經濟利益，用貨幣計量的經濟資源。美國、中國香港、IASB 等國家、地區、國際組織的會計準則對土地流轉的計量都有規定。

IASB 沒有發布單獨的土地會計準則，對土地的會計處理散見於國際會計準則（IAS，下同）的規定之中，現行規定是根據土地產權的不同以及持有目的不同劃分的。IAS 16 "不動產、廠場和設備"是針對土地所有權而言，企業持有土地的目的為自用，企業將取得的土地作為不動產計入"固定資產"。IAS 16 規定取得土地所有權時以歷史成本進行初始計量。在後續持續期間，以公允價值重估入帳，公允價值可為市場價值，也可由專業評估人員評估確定。國際會計準則表明，土地不一定歸國家所有，個人、企業可購買土地的所有權（中國除外）。IAS 17 "租賃"是針對土地使用權而言的，會計主體通過租賃方式取得土地使用權適用該準則的規定。IAS 40 "投資性房地產"是針對土地投資而言的，規定採用公允價值或成本計量，如果公允價值能夠可靠取得，則採用公允價值計量，如果不能獲取，則按歷史成本計量。IAS 41 "農業"涉及土地的相關會計問題，但沒有具體的處理規定。

國際慣例對土地資源的會計處理各不相同，如果企業擁有土地所有權，能無限期使用的計入固定資產，不計提折舊，或與地上房屋建築物一併計入固定資產，不計提折舊。有的則計入"遞耗資產"，按期折耗。如果是經營租入的土地，並且對承租人具有有限的壽命的，則作為無形資產核算。

第三，租賃業務會計規範研究。美國是世界上租賃業務最發達的國家，其對租賃會計的規範研究也比較早。第一部租賃會計準則是FASB於1976年發布的SFAS No.13，要求出租人和承租人共同遵守，此後FASB又對其進行了多次修訂。國際會計準則委員會（IASC）於1997年12月正式發布了IAS 17 "租賃"。該準則是世界上許多現存租賃會計準則的典範，對融資租賃和經營租賃進行了根本的區別。澳大利亞會計準則評審委員會（ASRB）於1986年7月發布了第1008號準則"租賃會計"。1987年11月，ASRB又重新評審批准了該項準則。為了促進澳大利亞會計準則與國際會計準則的協調，澳大利亞公共部門會計準則委員會（PSASB）在1997年7月發布了第82號徵求意見稿"租賃"（ED 82）。在充分考慮了對該徵求意見稿的反饋意見後，澳大利亞會計準則委員會（AASB）於1998年10月發布了修訂後的會計準則，即 AASB 1008"租賃"。為執行澳大利亞財務報告委員會（FRC）要求與國際會計準則理事會的準則趨同的戰略指示，AASB 於 2004 年 7 月正式頒布了與 IAS 17"租賃"趨同的澳大利亞會計準則第 117 號"租賃"（AASB 117），該準則從 2005 年 1 月 1 日開始取代 AASB 1008。AASB 117 的基本內容與 IAS 17 類似，但為了體現澳大利亞的特色，增加了特別說明。

1.2.2 國內研究綜述

1.2.2.1 關於產權基本理論的研究

在西方產權理論傳入中國之後，國內學者紛紛開始研究適合中國特色的產權理論。牛福增（1997）指出離開了對生產資料的所有權，產權將不復存在。張維迎、張五常、周其仁等都對產權理論進行了分析。關於產權含義的界定，國內理論界尚未形成統一認識。劉詩白（1993）認為產權包含財產所有權和財產支配權兩個含義。張軍（1994）認為，完備的產權包括多項權利，既有使用權，又有用益權、決策權和讓渡權。唐賢興（2002）提出"產權是要素的昇華"的觀點，認為界定清晰的產權，更能提高要素的生產效率。中國學者對產權定義的研究出發點有別於西方國家從私有產權出發，大多從公有產權或國有產權出發，形成了獨具特色的不同的產權觀，有的學者認為產權就是所有制權利；有的學者認為產權是反應經濟主體對財產的權利關係的概念；有的學者認為產權包括所有權和債權兩層含義；有的學者認為產權是在資源稀缺的條件下人們使用資源的權利；有的學者認為產權是圍繞財產權而形成的權利群，包括所有、佔有、使用、處置、收益等權利。

1.2.2.2 關於資源產權的研究

在資源產權方面，胡敏（2004）提出了資源產權契約的概念，並提出改善資源管理效率的政策建議。張利庠等（2007）從初始產權界定和產權交易制度安排兩個方面分析了中國自然資源產權制度的變遷歷程，認為導致中國自然資源產權市場低效的經濟學原因有三個方面：強制性公共產權和合理性公共產權界定模糊、使用權和經營權存在"二公"雙重誤區、自然資源交易權缺位。吳海濤、張暉明（2009）提出應當根據自然資源的不同特點採取不同的產權安排方式和資產化程度管理，建立資產化管理的體系框架。

礦產資源產權方面，許抄軍、羅能生、王良健（2007）綜述了中國礦產資源產權的研究現狀，包括礦產資源產權的性質研究、礦產資源產權明晰意義研究、礦業權市場研究、礦產資源資產化管理研究等。除此之外，中國學者還對礦產資源產權結構、產權收益分配機制、產權流轉、礦產資源產權發展方向等內容進行研究。孟昌（2003）、吳垠（2009）對礦產資源產權性質的研究表明，中國自然資源是公有制基礎上的委託—代理關係。羅能生、王仲博（2012）以委託—代理模型為基礎，探討產權配置的效率，提出政府、資產經營管理公司和礦業企業的三級產權安排是最優的。嚴良（2000）主要研究明晰礦產資源產權的意義和必要性。明晰礦產資源產權可以減少不確定性，使外部不經濟性內在化。覃蘭靜、唐小平（2004）提出中國的礦產資源產權改革應適應市場經濟體制的要求，應明晰產權關係，完善礦業權交易市場；應完善立法，為礦產資源產權改革的市場化提供保障。干飛（2005）闡述了礦產資源產權的主要內容及含義，分析了礦產資源的所有權、管理權、勘採權、交易權和收益權的內涵，提出了完善中國礦產資源產權制度的主要內容。王雪峰（2008）從經濟學角度分析中國礦產資源產權關係，並提出礦產資源產權制度的創新需從國家、地方政府和礦山企業三個方面尋求解決途徑。胡文國（2009）分析了煤炭資源的所有權、使用權和收益權以及產權明晰對外部性問題的影響及其作用機理,並提出完善、明晰礦業權關係和產權制度的建議。陳潔、龔光明(2010)從產權角度探討了礦業權收益如何在國家、礦山企業、當地居民之間分配的問題。曹海霞(2011)梳理了中國礦產資源產權制度的歷史演進過程,從產權制度的界定、配置、交易以及保護等方面提出礦產資源產權制度改革的方向與路徑。

在土地資源產權方面,現有的研究主要集中在土地產權的性質、土地產權制度改革、土地產權流轉等方面。曹建海(2001)分析了中國城市土地產權制度的演變過程以及變革過程中存在的問題,提出了中國城市土地產權制度改革的思路及發展方向。藍虹(2002)通過對中國土地產權制度演進的歷史制度分析,構建一個以供求分析為基礎的制度分析理論框架。宋玉波(2004)以制度創新理論為基礎分析中國集體土地產權制度創新。原玉廷(2004)分析中國城市土地管理中存在的體制性漏洞和缺陷,提出城市土地產權制度"三權分離"的基本設想,即將土地的所有權、使用權和管理權相分離。潘世炳(2005)引入新制度經濟學的相關理論,利用《中華人民共和國物權法》對中國土地產權進行最優界定,構建了一個主體明確、定性清晰、定量科學、分級授權管理的土地產權體系。劉新芝等(2006)分析城市土地市場存在價格扭曲、尋租等問題的根源是由於城市土地產權制度設計存在缺陷,認為強化土地使用權、降低交易成本是解決這些問題的根本措施。譚峻等(2007)分析了小城鎮土地產權制度的缺陷及負面效應,提出了小城鎮土地產權制度建設的基本目標和思路。萬舉(2008)對中國城市化進程中出現的"城中村"問題進行深入研究,認為出現"城中村"的實質是國家介入了集體土地產權利益分配,解決這一問題的關鍵是要平衡權利與收益的關係。吳次芳等(2010)

結合經濟學和社會學理論分析土地產權制度的性質和改革路徑。他們認為中國土地產權制度是一種政治制度安排，也是一種社會組織制度安排，具有財產法律制度的性質。譚榮（2010）探尋中國土地產權及其流轉制度的改革的路徑，認為中國土地產權和流轉制度的變遷，不僅是法律問題，還受到文化、治理、經濟行為等因素的共同影響。

1.2.2.3 關於產權會計的研究

產權會計是產權理論與會計理論相結合的產物。20世紀90年代，中國會計學者開始將西方這一先進的經濟學理論運用到會計領域，開啓了會計研究的新視野，取得了豐碩的研究成果。通過從中國知網的檢索，輸入主題"產權會計"，找到257篇與產權會計相關的文獻；通過從萬方數據平臺的檢索，找到483篇符合條件的論文，學者們從不同角度、不同領域探討產權與會計相關的問題，形成了比較系統的產權會計體系。最早用產權理論闡釋會計問題的是劉峰和黃少安，他們嘗試在會計準則中引入科斯定理，以啓發中國會計準則的制定。伍中信對產權會計進行了系統的研究，他認為會計產生、發展和變更的根本使命是體現產權結構、反應產權關係和維護產權意志。郭道揚（2004）確立了產權會計觀，樹立契約全面確認與全面監控觀念，以全方位實現產權會計變革。田昆儒（1998）深入闡述了產權經濟會計的理論基礎、產權經濟會計的構造、基本假設、產權經濟會計的靜態問題和動態問題，豐富了現代會計理論與實務，完善了會計學體系。田昆儒（2012）再次從契約角度探討會計的本質，揭示會計本質是會計契約論，認為會計工作是由契約構成的，會計契約的基礎是"財產權利"，會計工作秩序源於契約，其目的在於履行和解除契約。楊再勇、龔光明（2008）詳細闡述了產權與會計的關係。

關於產權會計的文獻不斷湧現，學者們從不同的角度研究產權理論在會計理論中的應用。從會計目標出發的有王一夫、李梅英和胡凱。王一夫（1998）提出產權會計的目標是為企業降低交易費用。李梅英（1999）從產權組織形式分析中國國有企業會計的目標。胡凱（2000）從產權的視角對會計目標進行重構。從會計核算出發的有伍中信、周華和施先旺。伍中信（1998）提出，產權流轉既是會計對象的動態描述，也是對六大會計要素的統稱。周華（2009）通過會計恒等式分析企業產權，認為靜態恒等式反應產權的分佈狀況，動態恒等式反應產權的運動結果。施先旺（2010）借助"會計平面模型"假設，探究收入、費用和利潤三大動態要素的帳戶結構及其關係。從會計信息出發的有伍中信、杜興強、夏成才、韓傳兵、吳俊英以及劉昌勝等。伍中信、肖美英（1997）從經濟學的博弈角度著眼分析企業的會計監督職能。杜興強（1998，2002）探討會計信息產權的界定，分析會計信息產權的邏輯基礎及其博弈過程。夏成才、王雄元（2003）提出以俱樂部的形式來安排會計信息的產權。韓傳兵（2007）分析了會計信息產權和會計信息披露之間的內在聯繫，認為提高會計信息質量的關鍵在於解決會計信息產權安排問題。吳俊英、孔紅枚（2010）認為中國會計信息質量低的根源在於會計信息的公共產權屬性，公共產權屬性誘致市場失靈，市場失靈給政府管制提供理由。劉昌勝（2011）重新界定了會計信息的產權概念，構建一個均衡分析框架，將會計信息產權配置制度選擇與均衡的會計信息屬性配置納入均衡分析框架。雷光勇（2004）從產權契約的視角研究了會計的本質。從公允價值與產權會計的關係來看，曹越（2006）認為公允價值計量是產權會計的歷史選擇；曹越、伍中信（2009）提出公允價值計量基礎是現實中充分發揮會計界定產權和保護產權功能的最佳計量基礎；張榮武、伍中信（2010）考察了公允價值與會計穩健性之間的關係。

綜上所述，產權會計已經在中國形成了比較完整的體系，突破了傳統會計的局限性，從產權理論出發研究會計的變革，清晰地界定了會計的產權，反應企業的產權結構，保護企業的產權權益，對於發展會計理論與改進會計實務具有積極的意義。但現有的研究針對產權流轉會計的並不多，仍需繼續研究。

第一，礦業權流轉會計的研究。中國會計學界對礦產資源會計的研究最全面的是龔光明教授，他的研究成果有：比較和評價了國際上石油天然氣等礦產資源會計準則；應以歷史成本作為石油天然氣資產計量的基礎；石油天然氣資產轉讓收益的決定；石油天然氣資產列報與信息披露；對中國石油天然氣會計進行評價，並提出改進建議，提出建立統一的礦產資源財務會計的問題，是中國對石油天然氣會計最具理論深度、最系統的研究。吳杰研究了如下問題：中國石油天然氣會計準則的國際比較與協調；IASB 礦產資源會計研究項目的最新進展；礦產資源勘探與評價會計準則的國際趨同。譚旭紅（2006）研究了如下問題：石油天然氣行業採用成果法核算，煤炭礦產資源行業採用完全成本法核算；初次確認和計量時採用歷史成本基礎，再次確認時按歷史成本基礎和價值基礎相結合反應；對礦產資源資產資本化進行了詳盡的研究，以煤炭資源為例，探討了礦產資源儲量價值的確定；分別從達產期、穩產期和衰減期三個階段闡述礦產資源資產折耗的計提；討論了礦產資源資產轉讓收益。趙選民等（2002）也對油氣會計核算問題進行了系統的分析。2006 年，中國發布了《企業會計準則第 27 號——石油天然氣開採》，在石油天然氣會計方面實現了與國際會計準則的部分趨同。李恩柱（2008）探討了非油氣礦產資源會計問題，以推動中國非油氣礦產資源會計的發展。從上述分析來看，現有的研究主要集中在石油天然氣領域，對煤炭和有色金屬等礦產資源研究很少。中國對礦業權流轉的會計規範比較薄弱，主要集中在初次計量上，但對於礦業權流轉損益的確認及權益分配的會計處理研究較少，尚未形成系統的理論體系。

第二，土地流轉會計的研究。中國沒有單獨制定土地會計準則。對土地的會計規定分佈於固定資產、無形資產和投資性房地產會計準則中。根據中國《企業會計準則第4號——固定資產》的規定，因歷史遺留原因單獨估價入帳的土地不提折舊。《企業會計準則第6號——無形資產》將土地列入無形資產，分期攤銷。企業土地轉讓所得的分配用於補交土地出讓金、繳納土地增值稅、繳納所得稅款或形成企業的稅後留利。如果將土地使用權出租，則遵照相關會計準則的規定，作為投資性房地產核算。

第三，租賃會計的研究。中國關於租賃會計的規範從最初的"資產所有權觀"到現在提出的"資產使用權觀"是一個從無到有、從不規範到逐步規範完善的過程。2006年2月，中國發布了《企業會計準則第21號——租賃》，從出租人和承租人兩個方面規範了租賃會計的確認、計量和相關信息的披露。中國也正在積極探索與國際租賃會計準則的趨同。

1.2.3 研究述評

現有文獻研究了產權定義、產權會計以及產權功能等問題，有一定的概括性，但總體來講，目前的研究存在如下問題：第一，資源資產產權特徵研究不夠；第二，關於產權流轉會計研究不夠，目前的會計主要是對初始產權的計量，對二級產權流轉過程中會計計量問題幾乎未涉及；第三，結合會計的公允價值計量理論研究不夠，現行的研究主要停留在歷史成本上。這些不足為我們從事理論分析與實證檢驗留下了餘地。本書以產權會計理論為基礎，從不確定性角度分析產權流轉中的會計計量與信息披露問題。

1.3 研究思路與研究內容

1.3.1 研究思路與技術路線

1.3.1.1 研究思路

在中國特殊的公有產權制度下，產權價值如何構成以及如何流轉？產權流轉風險如何控制？會計上又怎樣計量？通過會計方法計量的流轉收益如何分配？這些問題解決了，礦業權、土地使用權的流轉才能順暢，產權市場建設才能順利進行。而在現有的產權經濟學和會計學理論研究中，對這些問題尚沒有進行深入的研究，現有的研究僅停留在產權一級市場的出讓。本書即是結合產權經濟學和會計學理論，從產權制度與會計計量結合的角度，揭示會計在產權流轉中的重要作用，運用會計工具來反應產權流轉的信息以及存在的風險，以期為企業投資礦業權、土地使用權、從事租賃業務等提供足夠的決策信息，彌補產權經濟學和會計學研究在這方面的不足。

本書首先運用現代產權理論，分析中國特殊產權制度下的礦業權、土地使用權、租賃的產權內涵。其次分析產權流轉的不確定性程度。最後論述各種不確定性程度下的產權流轉價值計量與信息披露，分析公允價值在產權流轉中的運用。產權流轉涉及轉讓方和受讓方之間的關係，雙方在產權流轉中的會計處理有區別，本書分別從轉讓方和受讓方兩個角度來論述產權流轉的會計計量。

1.3.1.2 擬採取的措施及技術路線

本書的研究，著眼於探討產權流轉會計的基本理論問題。因此，為達到預期的研究目標，擬採取規範與實證相結合的研究方法。本書首先採用規範分析法,以產權理論、價值理論與契約理論為指導,在中國特有的公有產權前提下,揭示產權流轉與會計的緊密關係,並採用匯總的方法,將國際上各國會計準則中對礦業權、土地使用權及租賃業務會計處理方法進行匯總比較,找出目前產權流轉中會計理論的不足,針對這些不足,從不確定性會計視角探討產權流轉價值的計量與信息披露問題。各種方法的綜合運用,為本書的論證與邏輯推理提供了堅實的現實基礎。

本書的研究擬採取的具體措施如下:第一,全面收集各國和相關國際組織的財務會計概念框架,進行比較分析;第二,全面收集各國和相關國際組織會計準則對礦業權、土地使用權及租賃業務的規定,分析其對使用權流轉和收益權流轉會計處理的不足;第三,理論分析公允價值在產權流轉中運用的可行性;第四,理論分析改進現行財務會計概念框架的原則與路徑;第五,針對中國產權流轉的風險,提出相應的信息披露對策。

本書的研究技術路線如圖 1.1 所示:

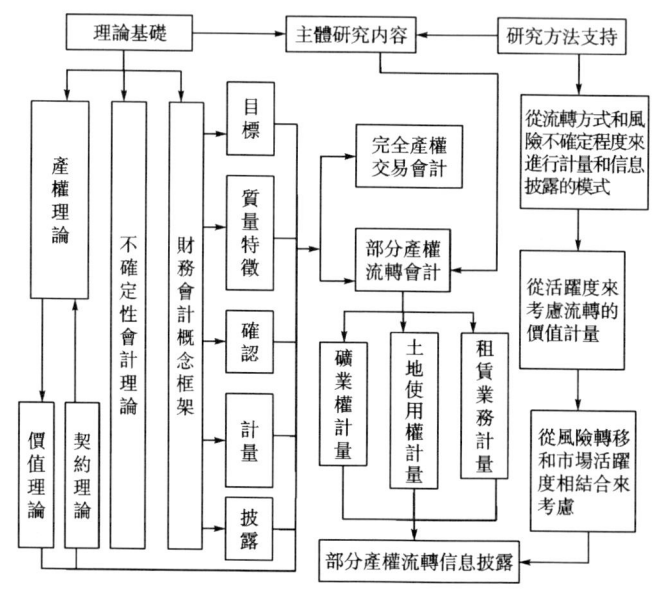

圖 1.1　研究技術路線圖

1.3.2 研究內容

1.3.2.1 基本約定

對產權流轉會計進行研究，首先必須做出一些基本約定，界定財產與產權、所有權與產權、自物權與他物權、完全產權交易與部分產權流轉等的關係。

第一，財產與產權。論產權必然論及財產。財產是指產品自身，包括有形財產和無形財產。財產是作為產權的"物"的基礎而獨立存在的，本身並不體現什麼權利關係。而產權是所有權、使用權、收益權和處置權等一束權利的總和。

第二，所有權與產權。所有權是從法律角度確認的一種權利，指人們在佔有、使用、收益和處分生產資料時發生的權利義務關係。廣義的所有權等於產權，狹義的所有權只是產權中的一個組成部分。

第三，自物權與他物權。自物權是指權利人依法對自有物享有的物權。他物權是相對於自物權而言，是指權利人根據法律的規定或合同的約定，對他人之物享有的進行有限支配的物權。本書涉及的礦業權、土地使用權屬於他物權，中國法律規定，礦產資源和土地資源歸國家所有，國家將礦產資源和土地資源的使用權讓與權利人開採和使用。

第四，完全產權交易與部分產權流轉。由於產權賦予權利人一種處置權，因此產權可以在市場自由交易、流轉。產權轉移分為完全產權交易和部分產權流轉。完全產權交易一般以所有權的轉移為基礎，一手交錢，一手交貨，產權轉移和風險轉移同時進行，如汽車銷售、商品銷售等。部分產權流轉主要是使用權和收益權的流轉，如土地使用權流轉、礦業權流轉、林權流轉以及租賃業務等。部分產權流轉是為了規避部分風險，共同分享收益。本書對交易和流轉做了界定，交易是產權的完全轉移，流轉是產權的部分轉移。

1.3.2.2 研究內容

第 1 章為緒論，重點闡述本書選題的背景與意義，對本書後續各部分內容和創新之處進行簡要介紹。在對國內外相關研究評價的基礎上，確定本書的研究內容、研究方法和研究創新之處。

第 2 章為產權流轉會計的基本問題，針對本書後幾章需要用到的價值理論、產權理論、契約經濟學理論、產權會計理論、財務會計概念框架理論、不確定性會計理論等，圍繞產權流轉進行分析和述評。會計計量是產權流轉會計的核心，本章綜述了各國會計準則委員會對公允價值的研究成果，評估運用公允價值計量產權流轉價值的可行性。針對產權流轉的不確定性程度，將其分為高度不確定性、中度不確定性和低度不確定性，根據產權流轉不確定性程度的高低，構建產權流轉會計的理論框架。

第 3 章為高度不確定性產權流轉計量：以礦業權為例。礦業權包括礦產資源的勘探權和開採權。礦產資源的勘探和開採具有極大的不確定性，其最大的不確定性來源於儲量的估計。當所有的礦產資源儲量都已經從地層礦藏中開採出來以後，才能精確地得到礦產資源儲量。取得礦業權時，僅能估計經濟可採儲量。由於礦產資源形成或聚積的特殊性，人們不可能確切地知道何時何地發現礦藏，即使在某地發現礦藏，也不能確切地知道礦產資源的賦存狀態。但是隨著勘探的深入和開採的進行，這種不確定性將會降低。因此，礦業權在勘探開採之前的流轉具有極大的不確定性。隨著生產和處理礦產資源技術的更新、政府法規的要求以及總體經濟環境等因素的影響，生產開採礦產資源的成本存在不確定性。市場經濟的發展可能導致礦產資源供應量、需求量的變化，供需矛盾引起資源價格的變動，未來價格的估計不一定精確。這種不確定性是幾乎所有採掘行業礦產儲量的特徵。礦業權流轉包括礦產資源權益的交換、轉讓、租賃、合作經營等方式，會計作為提供信息的工具，必然反應這些問題。礦產資源不同的產權安排會影響會計的計量與報告，因此必須理清礦產資源的產權關係，明晰了產權關係，礦業權流轉才能順利進行。如何計量和報告礦業權流轉過程中的價值是本章研究的主要內容，本章從受讓方和轉讓方的角度分別闡述礦業權流轉的核算。

第4章為中度不確定性產權流轉計量：以土地使用權為例。土地是承載萬物的基礎，土地為人類的生存和繁衍提供主要的物質基礎和基本資源。在市場經濟高速發展的今天，尤其是房地產市場的迅猛發展，土地產權的出售、轉換、置換、抵押，投資入股等經濟活動日益頻繁。為促進土地使用權的順暢流轉，確保土地市場的健康發展，產權人需要獲得與土地流轉相關的價值信息，而價值信息需要運用會計工具予以計量與披露。本章擬從產權視角探討土地流轉過程中的價值計量問題，以期對中國土地流轉相關政策的制定提供理論基礎。

第5章為低度不確定性產權流轉計量：以租賃業務為例，主要闡述租賃的產權內涵、租賃產權流轉分析以及現行世界各國租賃會計的發展情況，以4家上市航空公司為例，闡述中國承租人和出租人的會計處理現狀。以國際會計準則理事會和美國財務會計準則委員會對租賃會計的前沿研究動態為參考，提出中國租賃業務會計處理應與國際準則趨同，對目前的經營租賃和融資租賃不再分別處理，對承租人來講，經營租入和融資租入都作為固定資產入帳，分析資本化後的經營租賃對財務報表產生的影響。

第6章為不確定性產權流轉的信息披露，主要闡述礦業權流轉、土地使用權流轉以及租賃資產使用權流轉的信息披露問題。不確定性產權流轉中最大的問題就是風險，本章將採取實證研究的方法分析高度不確定性產權流轉、中度不確定性產權流轉和低度不確定性產權流轉在風險披露方面的異同，認為在高度不確定性程度下應披露更多的信息。

第 7 章為研究結論與展望，主要對全書主要觀點、創新點進行了總結，並提出研究展望。

1.3.3 主要創新點

第一，從產權理論出發來研究會計制度，國內外早已有之，並且在國內形成了"產權會計學派"。但在中國特殊的公有產權制度下，以使用權流轉為主的產權流轉會計研究具有中國特色，在國內屬首創。

第二，雖然 IASB 及各國會計組織對礦產資源、土地使用權及租賃資產使用權的會計處理有明確的規定，但這些準則研究多以歷史成本為基礎，沒有考慮資源的價值，本書以公允價值為計量基礎，研究產權流轉價值的計量與信息披露。

第三，產權價值必須通過市場的交換、轉讓、租賃、抵押等方式實現，而這些流轉必須簽訂契約來保證各方的權利與義務。因此，在產權流轉會計中運用契約理論，突破了會計學就會計談會計的局限，將會計理論與產權理論和契約理論密切聯繫在一起，加深了對產權理論，尤其是對產權實際運行條件的認識，彌補了產權經濟理論研究的缺陷。同時，深化了產權會計理論的基本內涵，拓展了產權會計理論的分析視野。

第四，礦業權、土地使用權以及租賃資產使用權的流轉過程具有不確定性，而其不確定性程度又不同，比如礦業權埋藏於地底下，其勘探開採的不確定性程度最大；中國土地產權市場逐漸形成，市場相對比較成熟，其流轉的不確定性程度相比礦業權小些；租賃業務有充分成熟的市場，使用年限和現金流量比較穩定，易於估計，其產權流轉較為穩定，風險更小。根據不確定性程度的高低來進行會計計量和信息披露是本書的重要創新點。

1.3.4　重點與難點

本書研究礦業權、土地使用權及租賃資產使用權流轉的會計基本理論問題，重點是計量與信息披露。現行的會計準則以歷史成本計量礦業權和土地使用權的流轉，但歷史成本不能反應礦產資源和土地的真正價值，只有公允價值才能反應。因此，本書的難點是運用期權模型估算礦業權、土地使用權的價值。現行各國以公允價值計量金融工具的價值，本書可將金融工具的計量理論用於礦業權、土地使用權和租賃業務。

1.3.5　研究範圍

第一，土地使用權流轉僅限於城市土地流轉的研究，不涉及農地流轉。本書所稱城市土地，是指城市規劃區（含城市市區）內的土地。

第二，研究產權流轉會計理所當然應以中國的特殊產權制度為基礎。中國土地和礦產資源歸國家所有，這不同於別的國家礦產資源可以私有的規定。這種特殊的公有產權制度是我們研究產權流轉價值計量與信息披露問題的首要前提。

2　產權流轉會計的基本問題

2.1　產權流轉會計相關的理論基礎

任何一門學科的形成，除了本學科自身發展所具有的客觀要求外，必然有一批比較完善的學科作為理論基礎。在研究產權流轉會計的過程中，就要尋找產權流轉會計涉及的理論基礎，分析哪些理論能夠為產權流轉會計服務，能夠指導產權流轉會計工作。研究產權流轉會計的理論基礎問題，就是要解決產權會計學科形成的理論支撐點，確定基本方向。所涉及的相關學科的內容對產權會計理論的形成會產生什麼影響？可以產生多大的影響？可以起到什麼作用？有哪些理論可以直接引入？有哪些理論可以間接使用？

產權流轉會計是會計學領域的一個分支，主要研究產權流轉過程中的價值計量與信息披露問題，反應和控制產權流轉過程和結果，並以產權流轉的良性循環、社會經濟的可持續發展以及經濟效益和生態效益的提高為前提。通過這個研究，能夠為之後進行的礦業權、土地使用權流轉及租賃產權流轉會計基本框架模式的改進研究提供理論參考，保證這些研究都能夠建立在科學的、正確的、完整的理論基礎之上。產權流轉會計的理論基礎主要有價值理論、產權理論、契約經濟學理論、產權會計理論、財務會計概念框架理論、不確定性會計理論等。

2.1.1 價值理論

會計對產權的核算是以價值形式來進行的，不能夠價值化的產權就不能進入會計系統中，即使進入也不能夠在會計核算中得到準確的計量與保護。對產權流轉過程的價值計量與報告必須以價值理論為基礎。價值理論包括勞動價值理論和效用價值理論。

2.1.1.1 勞動價值理論

17世紀的威廉·配第是最早提出勞動價值說的經濟學家，他認為商品價值的源泉是勞動，而勞動又離不開土地，因此認為勞動和土地都是創造商品價值的源泉。古典政治經濟學家亞當·斯密精闢地論述了勞動價值理論。大衛·李嘉圖發展了斯密的勞動價值理論。馬克思在他們的基礎上創立了科學的勞動價值理論。在商品價值決定和價值的計量問題上，馬克思"以人為本"，首創了勞動二重性學說，指出具體勞動創造使用價值，抽象勞動形成商品的價值，價值量的大小由社會必要勞動時間決定。

2.1.1.2 效用價值理論

效用價值理論起源於人們對商品效用的主觀評價，以人們評價商品效用的大小作為衡量價值的標準。17世紀的英國經濟學家 N. 巴本發展了以效用評價商品價值的思想，其思想精髓為商品之所以有價值，是因為商品有效用，沒有效用的商品便沒有價值。商品的效用在於滿足人們肉體和精神上的慾望和需求。

效用價值論的早期代表是維塞爾①,他首創了"邊際效用"一詞。19世紀70年代,英國的杰文思、奧地利的門格爾和法國的瓦爾斯提出比較完整的邊際效用價值理論。

2.1.2 產權理論

從產權理論的發展歷史上看,主要有馬克思的產權理論和西方現代產權理論。馬克思對產權的論述比較分散,沒有形成系統的產權理論,但其對產權的研究是現代產權理論的科學基礎。馬克思運用辯證唯物主義和歷史唯物主義,從生產關係範疇來研究產權,分析生產力與生產關係、經濟基礎與上層建築之間的關係,旨在揭示財產權和所有權的本質。

西方現代產權理論的創始人科斯從財產權利結構範疇分析產權,從經濟和法律兩個視角闡述產權的本質內涵,並提出了為後人推崇的科斯定理。科斯定理把交易成本、社會成本、產權及相應的法律形式等納入資源配置有效性考察之中,闡明產權制度與資源配置和經濟效率的關係,認為合理的產權安排可使資源配置的帕累托效率達到最優。科斯的追隨者們,包括威廉姆森、阿爾欽、德姆塞茨、諾斯、張五常等人對科斯的理論見仁見智,從不同的角度發展完善了產權理論體系。完整的產權理論包括交易費用理論、委託—代理理論、制度變遷理論等。

2.1.3 契約經濟學理論

契約是商品生產和商品交換過程中,對交易各方權利、義務進行規制的一種制度裝置,是人類社會發展到一定歷史階段

---

① 維塞爾(1851—1926),奧地利經濟學家,他最先提出"邊際效用"一詞,說明價值是由"邊際效用"決定的。按照維塞爾的解釋,某一財物要具有價值,它必須既有效用,又有稀少性,效用和稀少性相結合是邊際效用,從而是價值形成的必要和充分的條件。

的產物。契約經濟學是近 30 年來現代經濟學最前沿的研究方向之一，也是主流經濟學最有前途的研究突破方向之一。契約經濟學的重要代表人物有羅伯特·霍爾和約翰·穆爾。對契約的研究是產權研究的核心。[①] 產權的流轉必須在市場上進行，因此也必須簽訂契約來規範各方的行為。產權流轉是否公平公正、產權價值是否得到真正體現，必須通過會計程序來反應和監督契約的履行。

產權、契約與會計之間存在著一種天然的聯繫。契約在整個商品經濟社會中的地位是舉足輕重的，已成為整個社會經濟流轉的重要規範形式。在產權流轉過程中，如果沒有契約保障雙方當事人的權利與義務，則容易引起利益衝突，利益關係的某一方可能採取有利於自己而損害他人的行動。只有簽訂了契約，才能減少利益衝突，產權流轉才能真正體現平等、自由、對價、合意。契約的簽訂或執行需要獲取真實可靠的會計信息。例如，在融資租賃決策中，出租人會事先瞭解承租人的財務狀況、支付能力、盈利能力等，承租人也會充分瞭解出租人的財務信息。會計信息對契約的簽訂和執行有重要的促進作用，因此會計信息是契約的核心內容和關鍵所在。

2.1.4 產權會計理論

產權會計理論是會計界在借鑑產權經濟學的新思想與新方法的基礎上所取得的一項研究成果。會計與產權的相互影響是與生俱來的。產權的四項基本權能都與會計密切相關，它決定了產權會計的基本內容。產權的交易與流轉引起的產權價值運動及其體現的產權經濟關係就成了會計應該反應、監督、控制

---

① Y. 巴澤爾. 產權的經濟分析 [M]. 費方域, 段毅才, 譯. 上海: 上海三聯書店, 上海人民出版社, 1997: 38.

和保護的對象。

產權會計的目標是為企業及有關利害關係人提供關於產權變動及產權交易活動的會計信息，並使會計信息的使用者利用這些信息進行相應的管理，為企業產權及其變動提供會計理論和實務上的支持，最終實現資源的最優組合，提高經濟效益。產權會計的對象可以簡單地概括為產權及其運動，具體來說是指企業產權及其運動過程中能夠用貨幣計量的方面。產權會計研究包括靜態研究和動態研究，產權流轉會計屬於產權的動態研究，即研究產權變動或產權交易過程中產生的財務會計問題，包括產權轉讓過程中的會計確認、計量及信息披露問題。

2.1.5 財務會計概念框架理論

產生於20世紀70、80年代的財務會計概念框架是會計中的"憲法"和"準理論"，內容涉及財務報告的目標、財務信息的質量特徵、會計要素的劃分以及會計要素的確認、計量、列報和披露原則等。財務會計概念框架可以評價現有會計準則，指導未來會計準則的制定，並在缺乏會計準則的領域內起到基本的規範作用。產權流轉價值要在財務會計概念框架理論指導下進行計量與報告，就必須與財務會計概念框架一致。

美國是世界上第一個研究並制定財務會計概念框架的國家。FASB於1973年構建了以會計目標為起點的概念框架思路。從1978年到2000年2月，FASB共發布了7項財務會計概念公告：第1號"企業財務報告的目標"、第2號"會計信息的質量特徵"、第3號"企業財務報表的要素"、第4號"非營利組織的財務報告目標"、第5號"企業財務報表的確認與計量"、第6號"財務報表的要素"（替代第3號，並修正第2號）、第7號"在會計計量中使用現金流量信息和現值"（補充、修正第5號中可計量部分）。由於第3號被後來的第6號替代，因此目前

FASB存在的財務會計概念公告是6項。

IASB於2001年發布概念框架"編製財務報表的框架",由目標和基本概念組成。該框架中關於資產、負債的定義為會計處理和財務報表的列報設定了前提,即符合定義的項目不應該從資產負債表中省略,不符合定義的項目不應該在資產負債表中列示。

目前,其他國家也在研究財務會計概念框架,如英國的"財務報告原則公告"、加拿大的"年度報告的概念框架"、澳大利亞的"受管制財務報告的概念框架"、韓國的"財務報告概念框架"以及日本的"財務會計概念框架(討論資料)"。

中國對財務會計概念框架的研究起步較晚,目前還沒有真正意義上的財務會計概念框架。2006年,財政部發布的《企業會計準則——基本準則》作為"準則的準則"的性質,已發揮了財務會計概念框架的部分功能,規範了會計信息質量要求、會計要素的確認與計量原則,為具體準則的制定提供了基本概念規範和指引方向,是調整企業會計行為的基本規範。但由於其缺乏理論深度,還沒有完全起到評估和指導具體會計準則的作用。

美國、英國等國家的概念框架形成了一系列的理論體系,其他西方國家的概念框架都多少帶有美國框架的影子。我們需要借鑑西方國家尤其是美國的概念框架理論,結合中國的國情,分析中國的會計環境,構建適合中國經濟環境的財務會計概念框架。中國尚處於市場經濟的初級階段,資本市場不是很完善,需要國家運用行政監督手段干預企業的會計。因此,準則制定機構要取得財政部和證監會等政府機構的公開支持,積極組織各方面力量著手進行這一框架的研究和建立。考慮到中國的實際情況,葛家澍教授(2004)提出,中國財務會計概念框架建設應該分兩步走:第一步先修改、充實現行基本準則;第二步,等到時機成熟，基本準則可以轉化為更符合國際慣例的財務會計概念框架。目前中國已經完成了其中的第一步，即修訂、完善基本準則，將概念框架的主要內容內化於基本準則之中，採用基本準則的形式來體現概念框架的實質。然而概念框架是一種具有指導作用的會計理論，只有實質與形式相統一的會計理論，才能更好地發揮概念框架的積極作用。因此，中國在取得階段性的成果後，仍然需要加大會計基礎理論研究力度，加強概念框架的宣傳和輿論引導，加深公眾對基本準則的理解，出抬概念框架理論性權威文件。

2.1.6 不確定性會計理論

不確定性是指經濟組織或個人不能事先知道未來交易或經濟事項是成功還是失敗，或可能知道成功或失敗的結果，但成功或失敗的概率是多少並不清楚。例如，一個公司投資一個項目，該項目能否成功的結果並不能事先知道，即使知道可能成功，但能給公司帶來多少利潤也不能肯定，這就是不確定性。一個公司在經營過程中，面臨著各種各樣的不確定性，包括生產的不確定性、市場的不確定性、盈虧的不確定性等。不確定性是客觀世界的根本屬性，任何經濟系統都存在不確定性。不確定性概念長期以來一直是組織和戰略管理理論中的核心部分。馬奇和西蒙（March & Simon，1958）將不確定性定義為解釋組織行為的關鍵變量。湯普森（Thompson，1967）認為組織的主要任務就是應對環境中突發事件的不確定性。

美國經濟學家弗蘭克·奈特（2011）系統地研究了風險、不確定性和利潤的關係，嚴格區分了風險和不確定性，認為風險是可以度量的，而不確定性不具備可度量的特點。關於不確定性的定義，西格爾和西姆（Siegel & Shim，1995）在其會計術語辭典中將不確定性定義為目的不明確。著名經濟學家弗里德曼卻否定風險—不確定性的兩分法，採用個性化的主觀概念來解釋風險，認為風險不是什麼客觀描述，而是以個人的知識水平去主觀評價，隨著人們知識的不斷累積，對風險的認識也會發生變化。對風險的定義，國內外學者亦有諸多不同的觀點。海恩斯（Haynes，1985）是最早提出風險概念的學者，他認為風險是未來發生損失的可能性。威廉姆斯（Williams，1964）將主觀因素引入風險分析，認為"雖然風險是客觀的，但不確定性是主觀的"。林斌對不確定性沒有給出嚴格的定義，他認為不確定性就是一般意義上的不確定性，即事務的不可定性、不可靠性等。實際工作中，很難區分風險和不確定性。因此，本書對此不進行區分。

　　會計中的不確定性是指會計主體日常經營活動中交易或事項的不確定性。會計是對經濟業務的反應，隨著經濟全球化和信息技術的發展，會計主體的經營業務越來越複雜，複雜性增加了會計處理的不確定性。如何減少經濟發展中的不確定性是當今信息經濟學的研究主題，信息不確定性的減少對人們的決策有非常重要的幫助，會計的作用就是為人們提供各種有用的信息，因此會計在不確定性的經濟活動中起著重大的作用。

　　會計學者很早就開始研究經濟環境的不確定性對會計的影響。約翰遜和金屈萊（1978）認為經濟環境總是存在不確定性，而會計又是反應經濟環境中的經濟業務，只要存在不確定性，就會對會計計量和信息披露產生影響。現行的會計計量與披露理論主要是對經濟環境中確定的或基本確定的交易或事項進行處理。隨著科學技術的不斷進步和生產力水平的提高以及市場經濟的不斷發展，經濟環境中的不確定性日益增加，現行基於確定性的會計理論將受到衝擊，不確定性會計應運而生。

　　會計中不確定性問題的研究，始於美國對衍生金融工具的研究。由於衍生金融工具存在著很大的不確定性，採用傳統的歷史成本計量使投資者做出了錯誤的決策，導致了很嚴重的金融危機。為了改變這種現狀，美國財務會計準則委員會開始著手制定能反應企業經營不確定性的法規和準則。2006年，財政部發布的《企業會計準則第39號——公允價值計量》為中國會計不確定性的研究發展提供了契機。中國理論界對會計不確定性的研究興起於20世紀90年代，林斌（2000）將會計中的不確定性分為外生性不確定性和內生性不確定性兩種。林斌（2008）又繼續研究了不確定性會計的理論和方法，旨在改進企業的信息披露。雷光勇（2001）認為會計不確定性主要表現在會計客體的不確定性、會計主體的不確定性、會計準則的不確定性和會計計量方法的不確定性，並提出適度控制會計不確定性的方法。

會計的不確定性主要體現在會計對象的不確定性上。會計的核算對象就是企業的資金運動，現行會計主要針對過去的資金運動，即過去已經發生的交易或事項，採用確定性會計就能處理。正在進行或未來將要進行的資金運動，由於其最終結果具有較大不確定性和風險，需要廣泛運用估計和判斷的方法，採用不確定性會計對其進行處理。例如，礦業權流轉往往存在著儲量風險、開採風險等；土地流轉存在著較大的法律風險、政治風險和市場風險；租賃業務存在著信用風險和市場風險等多種風險。這些產權流轉主要面向未來，風險和不確定性較高，需採用不確定性會計進行計量和披露。

2.2　產權流轉會計的基本問題

2.2.1　產權流轉的不確定性分析

人們對客觀事物的認識有限，決策者們沒有先知先覺，不能事先準確地知道某種決策的結果，其預期結果往往與實際結果發生偏離，出現差異，產生不確定性和風險，產權流轉亦是如此。會計主體花一大筆錢購得礦業權，該礦業權是否能帶來未來經濟利益是不確定的。房地產開發企業購得土地使用權是有風險的，未來房價的走向是上漲還是下跌是不明朗的。租入的固定資產是否能夠給企業帶來預期的收益也是不確定的。總之，任何主體承擔的風險價值都是未知的。按產權流轉業務不確定性對經濟組織的影響程度，我們將產權流轉分為高度不確定性產權流轉、中度不確定性產權流轉和低度不確定性產權流轉三類。

2.2.1.1 高度不確定性產權流轉分析

高度不確定性是指交易和事項在資產負債表日是否存在，對當期或未來各期財務報表是否產生影響以及影響的金額多大，存在高度不確定性。礦區權益分為探明礦區權益和未探明礦區權益。探明礦區是指根據現有的技術和經濟條件發現探明經濟可採儲量的礦區。未探明礦區權益是指未發現探明經濟可採儲量的礦區。探明儲量又分為探明已開發儲量和探明未開發儲量，探明礦區權益的不確定性相對較小。而對於未探明礦區權益，其可能是富礦，也可能是貧礦，存在高度的不確定性和風險，主要包括自然風險、市場風險、法律風險和政治風險等。

礦業權的自然風險包括勘查風險、儲量風險、環境風險以及災害風險等。礦業權的標的資產是埋藏於地底下的礦產資源，需要地質勘探人員用先進的儀器設備探測，並採用估計的方法確定資源的儲量。在實際開採時，可能面臨礦產地根本沒有礦物，或屬於貧礦。目前，探獲一個有經濟價值的礦床的概率很低，只有 1%～2%，甚至更低。礦產資源的過度利用可能帶來氣候變化災難風險，對煤炭、石油天然氣這種高污染的礦產資源的開採已引起了全球氣候的變化。美國海上油井爆炸造成石油泄漏和中國渤海漏油事件，嚴重損害海洋生態環境。礦業企業應承擔開採產生的對環境破壞的風險，需要負擔治理環境、恢復生態平衡的費用。同時可能面臨礦難風險，如震驚全國的王家灣礦難事故，傷亡慘重。

礦業權流轉面臨著市場風險。礦產資源的價格和需求量具有明顯的週期變化，礦產品市場價格的不確定性大，直接影響礦業權未來的現金流入量。中國尚未建立全國統一的礦業權信息平臺，礦業權流轉市場不完善、交易管理制度不健全、評估方法不科學、價格形成機制未理順，礦產品市場價格的不確定性更大。

礦業權流轉面臨著法律風險。中國礦產資源屬於國家所有。根據經濟發展需要，中國制定了一系列有關礦產資源開發利用的法規、政策。從1986年頒布的《中華人民共和國礦產資源法》（以下簡稱《礦產資源法》）到2007年頒布的《中華人民共和國物權法》，中國礦業權經歷了從無償授予到有償使用的演變過程，其中隱藏著不少法律風險，主要體現為法律規範的不完整、法律法規出現漏洞。例如，《礦產資源法》規定礦業權的轉讓只能採取合併、分立、合作經營等形式進行，此種規定籠統模糊，會增加礦業權流轉的交易成本，一些轉讓可能會因法律規定的不健全而認定為無效。黨的十八大提出"建設美麗中國"，引起廣泛的關注，與之相應的環保法律法規也要進行修改完善。環保法律法規的任何變化，都會對礦業權投資產生重要影響，增加礦業權投資的成本，減少收益。例如，全球倡導的"低碳經濟"對減排有新的要求，而中國現行的《礦產資源法》只規定了"開採礦產資源，必須遵守有關環境保護的法律規定，防止污染環境"。這樣的規定過於籠統。一旦修改完善法律，增加減排的標準，就會增加企業的成本。中國政府適時出抬新的礦產資源開採政策，獲得探礦權、採礦權的產權人利益可能受損。

礦業權流轉面臨的政治風險。中國越來越多的採掘業公司到國外尤其是非洲開採礦產資源，東道國可能發生政權更替、領導人更換、社會動盪以及爆發戰爭等，因東道國的外資政策、法律政策和匯率政策等變化將影響礦業項目的正常勘探開採，嚴重者會導致合同中止，項目損毀，產生巨額經濟損失。

2.2.1.2　中度不確定性產權流轉分析

中度不確定性經濟業務是指交易、事項或情況在資產負債表日已存在，對當期財務報表是否有影響尚不確定，即使可能有影響，其影響金額也需估計的經濟業務。相比於礦業權而言，土地使用權流轉的不確定性程度較小。但由於土地生態環境、社會環境和政治環境的不斷變化，土地利用仍存在自然風險、市場風險和法律風險。

企業取得一塊土地之後，因地塊的地質條件、水文條件等可能引發地震、氣象災害和洪澇災害，土地存在著自然屬性風險。中國城鎮建設用地和農村集體土地的管理模式，造成城鄉土地分割，使土地流轉不暢、土地流轉市場不成熟、流轉機制不完善，難以形成科學合理的土地流轉價格，土地流轉的市場風險大。對土地的不當利用和過度開發，可能影響和破壞生態環境。土地使用權轉讓和拆遷、安置和補償工作涉及的法律關係複雜，法律風險較大。

2.2.1.3　低度不確定性產權流轉分析

低度不確定性經濟業務是指交易、事項或情況在資產負債表日業已發生或存在，對當期財務報表已產生影響，但因其影響的金額不確定而需要加以估計的經濟業務。租賃業務有充分成熟的市場，使用年限和現金流量比較穩定，易於估計，其產權流轉風險相比於礦業權和土地使用權更小，屬於低度不確定性。

租賃資產的風險包括經營風險、市場風險、法律風險等。租賃資產使用期限長、金額較大、專業化程度高、流動性差，當承租人由於經營不善，無力支付租金而違約時，出租人即使收回租賃資產也難保短期內將其出租，造成資產閒置，給出租人造成損失。隨著科學技術的不斷進步和生產方式的改變，租賃設備經濟壽命可能縮短，使租賃雙方預期的經濟利益受損、盈利水平下降。國家經濟結構或產業結構的調整、國家對外政策或匯率水平的變化、國家對租賃行業管理的政策及相關法律制度的變化，可能導致出租人或承租人面臨政策或法律以及稅收等多方面的風險。租賃業務還可能面臨政治風險，如對租賃設備實行限制；對租賃設備進行徵用、抵押和沒收。

2.2.2 不確定性產權流轉會計的理論框架

2.2.2.1 不確定性產權流轉會計的目標

財務會計作為人造的經濟信息系統，顯然要求其達到預期的目標。經濟信息系統的運行必須要有一個明確的財務報告目標，因此會計的目的就是提供財務信息。企業的管理者、投資者、債權人、供應商、客戶、職工、政府及其機構等都會根據各自的需要使用財務信息，一個科學正確的決策是90%的信息加上10%的判斷。為了滿足這些信息需要，傳統的財務會計提出了兩種主流的觀點：受託責任觀和決策有用觀。受託責任觀基於委託—代理關係，委託人與代理人之間的信息均衡是達到帕累托最優或使社會資源配置達到次優狀態的前提條件。決策有用觀是站在信息使用者的角度，提供相關和可靠的信息，幫助信息使用者做出投資決策和風險管理。

各國財務會計概念框架對目標的規定不一致，有的傾向於受託責任觀，有的傾向於決策有用觀，隨著經濟的發展，決策有用觀越來越成為主流觀點，如美國傾向於決策有用觀；IASB、加拿大等將決策有用作為主要目標，將受託責任作為次要目標。IASB/FASB 概念框架聯合項目修訂了趨同後的財務報告目標，重點關注外部使用者的信息需求，受託責任不能作為主體財務報告的單一目標。財務報告信息不僅要提供評價管理當局受託責任的信息，還要提供決策有用的信息。中國《企業會計準則——基本準則》規定了財務會計的目標既要滿足決策有用觀，又要兼顧受託責任觀。由此可見，中國會計準則制定機構已經將會計信息的相關性提高到戰略高度，會計目標開始轉向為信息使用者提供有用信息。

產權流轉會計的目標除了具有財務會計基本目標之外，還要有自己的特色目標，因為產權流轉是市場經濟條件下新興的事物，尤其在中國特殊的公有制產權下，產權流轉更具特殊性。會計運用自身的專業技術把產權流轉的價值計量出來，這個過程也是界定產權的過程，認定經營者的受託責任。但是現在一些上市公司（如上市房地產企業、中石油、中石化等）產權流轉比較頻繁，它們需要對社會公眾公布財務信息，產權流轉會計還要兼顧決策有用觀。因此，產權流轉會計的目標是為企業及其利益相關者提供關於產權交易及產權流轉的會計信息，並使會計信息的使用者利用這些信息進行相應的投資決策管理，最終實現資源的合理配置。

2.2.2.2 不確定性產權流轉會計的信息質量特徵

現行財務會計概念框架都規定了會計信息的質量特徵。FASB 在第 2 號概念公告中對會計信息的質量劃分了清晰的層次結構，其主要質量特徵有相關性與可靠性，次要質量特徵有可比性與中立性。IASB 概念框架指出，財務報表的主要質量特徵包括可理解性、相關性、可靠性和可比性；其他質量特徵包括重要性、如實反應、實質重於形式、中立性、審慎性、完整性等，並將及時性作為相關和可靠信息的制約因素加以考慮。中國《企業會計準則——基本準則》規定了會計信息質量要求的8個特徵：真實性、相關性、明晰性、可比性、實質重於形式、重要性、謹慎性、及時性。綜上所述，各方都把相關性和可靠性作為主要信息質量特徵。

　　總體來說，現行財務會計概念框架中規定的信息質量特徵基本適用於不確定性會計，尤其是相關性和可靠性原則。單一的歷史成本計量屬性不適用於不確定性的產權流轉業務，因為歷史成本計量屬性更側重於可靠性信息的披露。不確定性的產權流轉業務面向未來，除了發生小量的歷史成本外，大量的價值有待於將未來現金流量折現為現值，以公允價值在資產負債表內確認，只有採用歷史成本和公允價值混合計量，在報表附註中進行充分披露和說明，才能提供相關的會計信息。因此，對不確定性產權流轉業務，既要考慮可靠性，又要考慮相關性。同時，產權流轉會計還需滿足真實性、可比性、實質重於形式、重要性和及時性原則。

2.2.2.3　不確定性產權流轉會計對象及會計要素

　　產權流轉會計是對產權價值運動過程和結果進行記錄、計量與報告，使其合理地反應標的資產的真實價值並維護權利主體的經濟利益。傳統的會計核算對象是企業、事業單位及其他組織發生的以貨幣計量的交易或事項。這些交易或事項分為6個基本要素，即資產、負債、所有者權益、收入、費用和利潤。從產權視角來研究產權流轉會計，不能簡單地將其核算對象和要素概括為6個要素。產權流轉是權利和價值的轉移，是市場經濟中的資源產權流轉及其價值運動的過程、產權流轉的結果、產權流轉所體現的經濟關係以及資源的配置效率等，比較符合現行財務會計概念框架中對資產的定義，即將資產視為未來的經濟資源，會導致經濟利益的流入。產權流轉引起的產權價值運動及其體現的產權經濟關係就成了會計應該反應、監督、控制和保護的對象。

本書以礦業權、土地使用權和租賃業務為代表來探討部分產權流轉會計的基本問題。現有的石油天然氣會計準則、土地會計規定以及租賃業務會計在會計要素的處理上不盡一致，可以說是五花八門，但從產權角度考慮，它們都是部分產權流轉，即使用權的流轉，因此我們需要以不確定性會計概念框架為基礎，統一產權流轉的會計要素。

第一，礦業權。礦業權是指國土資源管理部門依法賦予礦業權人對礦產資源進行勘查、開發和開採等一系列活動的權利，是從礦產資源所有權中派生出來的一種權利，包括探礦權和採礦權。探礦權是指在依法取得的勘查許可證規定的範圍內，勘查礦產資源的權利。採礦權是指具有相應資質條件的法人、公民或其他組織在法律允許的範圍內，對國家所有的礦產資源享有的佔有、開採和收益的一種特別法上的物權。

礦業權在市場經濟條件下可有限制地轉讓、抵押、出租和承包，這些方式就是礦業權的流轉。礦業權流轉的經濟主體是礦山企業和地質勘探隊及政府，礦業權流轉的客體是探礦權與採礦權，礦業權流轉的媒介應是礦業權市場。

第二，土地使用權。土地使用權是指土地所有權人以外的土地使用者享有的佔有、使用、收益和依法處分的權利。中國土地所有權歸國家所有或集體所有，從土地所有權派生出來的土地使用權可以出讓、租賃、劃撥，也允許在二級市場的流轉。本書所指土地流轉，僅限於城市土地流轉，目前城市土地流轉最頻繁的就是房地產企業。

第三，租賃資產。租賃作為融資的一種手段越來越受到歡迎。在租賃業務中，出租人將其擁有的標的資產交付承租人使用，承租人按約定支付一定的租金給出租人。雙方需簽訂租賃合同，明確各自的權利和義務，租賃合同中的標的資產即為租賃資產。

2.2.2.4 不確定性產權流轉會計的確認

確認是將經濟業務和事項正式地記錄和整合到財務報表中的過程，以會計要素的形式反應在資產負債表中。現行各國財務會計概念框架中對資產或負債要素的確認，更多地強調過去的交易或事項；不確定性會計是面向現在和未來，其核算對象是未來的資金運動。因此，需要對現行會計要素的定義進行修改，考慮未來時間和金額不確定性的特點。將不確定性經濟業務在表內確認，需要考慮不確定性經濟業務未來的經濟利益和風險是否發生轉移。當未來的經濟利益很可能流入企業時，且風險已經轉移，相關的金額能夠可靠計量，或未來經濟利益的流入量能折算為現值計量，則可在資產負債表或利潤表中予以確認。

產權流轉業務的確認主要涉及產權流轉資產的界定。完全產權交易的確認比較簡單，不存在爭議。部分產權交易風險較大、不確定性程度高，產權流轉是否應在財務報表內予以確認？如果是，應在何時、以何種標準確認，確認為什麼資產？產權作為一項特殊的資產，首先要判斷其是否符合資產的確認標準。IASB、FASB和中國都對資產下了定義，雖然表述上有差異，但實質內涵是一致的，判斷的重要標準就是能否給企業帶來經濟利益。將產權流轉等不確定性較大的經濟業務，從表外披露轉到表內確認是關鍵。確認時要看事項或交易是否符合會計要素的定義。資產的確認應滿足三個條件：第一，主體可控制的經濟資源，主體有權限制其他主體使用該資源；第二，預計有正的經濟利益流入；第三，目前已存在的。企業取得一項產權如果滿足這些條件，就應確認為資產，究竟確認為什麼資產，相關科目如何設置，這要根據產權的標的資產來決定。礦業權流轉中，受讓方應將取得的礦業權作為"無形資產"入帳；土地使用權流轉中，受讓方將取得的土地使用權作為"土地使用權"入帳；租賃資產直接計入"固定資產"入帳。

2.2.2.5 不確定性產權流轉會計的計量

在對不確定性經濟業務進行會計處理時遇到的最大難題就是計量。不確定性會計跟確定性會計一樣，需要向投資者和債權人等利益相關者提供與投資決策相關的信息。但不確定性會計大多是面向未來的資金運動，沒有過去客觀發生的金額或發生的金額很少，這時就不能簡單地採用歷史成本計量模式，歷史成本計量無法反應資產或負債市場價值的變化情況。因此，對不確定性事項的計量更多地選用公允價值作為計量屬性。歷史成本立足過去，而公允價值面向未來，反應未來經濟利益，更接近於資產和負債的經濟學含義。採用公允價值計量可化解收入的不確定性，更真實地提供相關的會計信息，幫助投資者和債權人以及其他利益相關者做出決策。公允價值描述了產權未來現金流量的貼現淨值以及風險和其他各種影響因素，更貼近於產權的真實價值，更符合"決策有用觀"的現代會計目標。同時，公允價值計量對可靠性損害較小。產權流轉在本質上是一種權利合約，代表產權價值的運動，其內在價值會隨標的資產價格的變化而變化。存在活躍市場時，產權的公允價值信息可以取得，因此公允價值對會計信息的可靠性損害有限。採用公允價值有利於企業的資本保全和風險管理。公允價值與市場有高度的聯動性，公允價值的變化信息成了客觀評價企業管理當局對現有經濟資源保值、增值情況的指標。

FASB 和 IASB 對公允價值進行了系統的研究。FASB 於 2006 年發布了"公允價值計量"準則（SFAS No.157），這是全球首次就公允價值發布單獨的準則，對公允價值的定義、公允價值的確認方法、公允價值計量和披露進行了規範。隨後，IASB 和澳大利亞會計準則委員會（AASB）以及英國會計準則委員會（ASB）都開展了對"公允價值計量"準則的討論。IASB 於 2009 年發布了公允價值的討論稿。中國於 2006 年發布的《企業會計準則》中雖然沒有單獨的公允價值準則，但在一些具體準則中有涉及。FASB、IASB和中國都對公允價值下了定義，雖然各國對公允價值定義的表述不完全一致，但實質是相同的。理解公允價值的概念可從以下幾方面入手：首先，強調"公平交易"是取得公允價值的必要條件；其次，強調自願原則，不存在詐欺，公允價值建立在雙方自願交易的基礎上，如果在公司清算或破產時，公司的財產轉讓可能有強迫交易，這種價格就不是公允價值；再次，強調交易是在完全競爭市場進行，雙方都非常熟悉情況，對標的資產有充分瞭解，雙方信息不對稱程度很小，這種情況下的交易價格是公允價值；最後，強調考慮價格估計，一些新的商品和產權沒有同類市場價格或類似價格參考，就要運用現值技術估算，如會計主體取得一項礦業權，礦區所埋藏礦物的價值就只能運用估計的方法，這種估計的價格是相對公允價值。

產權流轉的計量是整個產權流轉會計的核心。產權究竟以歷史成本還是公允價值計量，關係到財務報告信息的可靠性和相關性問題。產權流轉導致的未來經濟利益的流入和流出不適合以傳統的歷史成本計量，且產權流轉總是與產權市場息息相關，其價值往往隨市場行情的波動而不斷變動。為了使財務報告信息更具決策相關性，產權流轉會計以公允價值作為主要計量屬性。計量分為初次計量和後續計量。取得產權時，應以支付的對價或收到的款項或其他資產進行計量。這時的入帳成本稱為歷史成本，而這種歷史成本是以雙方協商的對價為準的，其實就是雙方認可的公允價值。在後續持有產權過程中，應根據產權是否存在活躍市場區分情況處理。如果存在活躍市場，有市場標價時，應以公允價值（市場標價）記錄產權價值的變動；如果不存在活躍市場時，以歷史成本計量，但每期期末應對產權價值進行減值測試。

第一，高度不確定性產權流轉的計量。高度不確定性的礦业權的標的資產是埋藏於地底下的礦產資源，需要地質勘探人員用先進的儀器設備探測，並採用估計的方式確定資源的儲量。因此，取得的礦區權益包括探明礦區權益和未探明礦區權益，探明儲量又分為探明已開發儲量和探明未開發儲量，探明礦區權益的不確定性相對較小。對於未探明礦區權益，可能是富礦，也可能是貧礦，存在高度的不確定性和風險。礦區資源的開採耗時比較長，有的甚至長達幾十年，時間跨度上主要屬於未來的事項，對當期和未來財務報表的影響都不確定，具體的影響金額更難以估計。礦產資源的開採過程伴隨著自然風險、市場風險、法律風險和政治風險等。

對存在高度不確定性的礦業權流轉，建議採用公允價值進行計量，並從受讓方和轉讓方兩方對礦業權流轉進行研究。

第二，中度不確定性產權流轉的計量。中度不確定性的經濟業務的交易在資產負債表日已經發生或存在，但對當期或未來財務報表的影響並不確定，具體的影響金額需要估計。由於已經取得土地使用權，所以對土地的使用介於現在和未來之間。土地使用過程中存在著自然風險、市場風險和法律風險，風險相對較小。

企業、法人組織或個人取得土地使用權時，根據取得土地的公允價值作為初始入帳價值，如果將受讓的土地用於建造自用房屋建築物，則在會計期末時根據市場價值進行減值測試；如果將取得的土地用於投資性目的，則後續計量根據市場公允價值進行調整。

第三，低度不確定性產權流轉的計量。低度不確定性經濟業務是在資產負債表日已經發生或存在，基本上屬於過去的業務，對當期財務報表已產生影響，但因其影響的金額不確定而需要加以估計的經濟業務。因為有些業務時間跨度比較長，其對未來財務報表的影響並不確定，所以存在經營風險、市場風險、法律風險等。取得這類經濟業務時，以資產的公允價值入帳，並對資產進行折舊或攤銷。如果資產發生嚴重減值，還應計提減值準備，即採用歷史成本與公允價值相結合的計量屬性。

因此，本書按照產權流轉風險的不確定性大小來闡述，如表 2.1 所示：

表 2.1　產權流轉的不確定性與計量屬性的選擇

項目	高度不確定性產權流轉：礦業權流轉	中度不確定性產權流轉：土地使用權流轉	低度不確定性產權流轉：租賃業務
1. 時間跨度	基本上屬於未來	介於過去與未來之間	基本上屬於過去
2. 事實或狀況	不確定	已存在（但具有不確定性）	已發生或存在
3. 對當期財務報表的影響	不確定	不確定	已產生影響
4. 對未來財務報表的影響	不確定	不確定	不確定
5. 最終結果	高度不確定	不確定	基本確定
6. 影響金額	難以估計	不確定	易於估計
7. 風險程度	風險很大	風險適中	風險較小
8. 風險因素	自然風險、市場風險、法律風險和政治風險	自然風險、市場風險和法律風險	經營風險、市場風險和法律風險
9. 計量屬性	公允價值與歷史成本混合計量，對礦產儲量以公允價值計量，對勘探開採投入以歷史成本計量	公允價值與歷史成本混合計量，歷史成本為主	現值計量

2.2.2.6 不確定性產權流轉的信息列報與披露

會計確認、計量的目標是編製財務報告。財務報告是會計信息披露的主要形式，即使會計確認與計量非常完整，沒有瑕疵，但如果信息列報的數量太少，描述方式太拙劣，則財務報告依然無法有效發揮其功效。目前，各國財務會計概念框架對信息的陳述和披露都有所涉及，如國際會計準則第1號"財務報表的列報"（IAS No.1）中對會計信息的披露規定了總體要求，即"公允列報和遵從國際會計準則"。公允列報的具體要求有：第一，企業管理層應選擇和運用企業的會計政策，使其財務報表遵從每項適用的國際會計準則和常設解釋委員會解釋公告的所有要求（第20條）；第二，按提供相關、可靠、可比和可理解的信息方式列報信息，包括會計政策；第三，當國際會計準則的要求不足以讓使用者理解特定交易或事項對企業財務狀況和財務業績的影響時，增加披露的內容。中國於2006年發布，又於2014年修訂的《企業會計準則第30號——財務報表列報》第一次對中國會計信息的披露實施專門的規範，其中第二章對中國企業財務報表的列報提出了基本要求。同國際會計準則的公允列報要求一樣，中國《企業會計準則》也要求企業在會計政策選擇時要執行中國基本會計準則和各項具體會計準則的相關規定。這些信息披露的規範和要求不盡完善，導致信息的利益相關者無所適從。報表編製者和信息披露者不能確定哪些信息應予以披露、應以什麼方式列示，這時他們就會有選擇地披露信息，導致有用的信息披露不充分，無用的信息又披露太多，致使信息冗餘、重複和不透明。

現行各國企業準則制定委員會應制定合理的信息披露概念框架，尤其是針對不確定性信息的披露。概念框架應有助於改進信息披露質量，評價各種信息披露備選方案的優缺點，幫助制定者確定信息陳述和披露要求，指導編製者如何披露不確定性信息。2008年10月16日，FASB/IASB聯合發布了《財務報表列報的初步觀點（討論稿）》，對財務報表的列報形式和內容進行了改革。目前，FASB和IASB仍在致力於研究信息列報與披露的概念框架。披露概念框架應包括如下要素：信息披露的內容（包括哪些信息需要披露和哪些信息不需要披露）、信息披露的位置、信息披露的質量特徵、信息披露的陳述（可理解性）。

第一，不確定性產權流轉信息的利益相關者。

一是披露方與不確定性產權流轉信息的列報與披露。管理層披露一些不確定性信息需要承擔一定的風險。例如，管理層披露預測信息時，一旦實際信息與預測信息存在較大差異時，管理層聲譽會受損，管理層也可能因此引發訴訟糾紛。管理層披露不確定性信息的一個重要原因是滿足監管層對披露的要求。各國不同程度地對不確定性信息的強制披露要求，構成了管理層披露不確定性信息的一個重要原因。管理層也會自願披露一些不確定性信息。在披露過程中，管理層通常會進行一定的選擇，或是進行披露管理。管理層並不會完全披露其所擁有的信息，而是有選擇地披露有利於其自身的信息。由於信息的不可驗證性，管理層也可能故意披露一些錯誤的信息。管理層之所以披露一些不確定性信息，是因為這些不確定性信息的披露將會有利於管理層或企業。

產權流轉中，受讓方在取得產權時，通常不會盲目購買，因為成本的原因也不會對所有產權進行一番比較。對於風險規避的投資者而言，如果在購買產權前能充分瞭解產權的相關信息，這將減少其決策面臨的風險，進而降低成本。反之，如果投資者不知道相關信息，質優的產權流轉就不能順利地以高價成交。如果投資者僅依靠財務報告獲取有限的信息，財務報告中以歷史成本為基礎的有限的信息顯然不足以幫助投資者更好地預測企業未來的現金流量。當信息不對稱達到一定程度時，投資者就不會再對企業經營業績感興趣，反而會去追求投機所得。

管理層披露不確定性信息通常可能會給企業帶來若干額外的成本。例如，信息披露可能會影響企業的競爭對手的決策，這可能給企業帶來額外的成本。又如，信息披露可能會引起監管層若干監管措施，這也可能給企業帶來額外的成本。由於披露成本的存在，在一定程度上限制了信息披露。有時投資者也可能並不瞭解企業管理層是否擁有信息，這時管理層隱瞞一些壞消息就是理性選擇。有時管理層可能出於個人利益考慮，會有選擇地披露信息。當企業管理層有權決定信息披露或不披露時，他們往往是有選擇地披露信息。擁有好消息的公司，通常會提前公布好消息，而擁有壞消息的公司通常會推遲公布壞消息。但具體在披露時也會考慮其他因素，如擁有好消息的公司，如果管理層披露盈利預測會導致競爭對手的進入，使得其利潤下降，那麼管理層也可能不會披露盈利預測信息。

管理層有義務及時披露相關信息，如果管理層對相關的信息藏而不報，投資者的反應就是"最壞的信息"，投資者會予以訴訟反擊。因此，一般情況下，管理層會主動披露有關信息。管理層在披露信息時，會考慮披露成本以及不確定性信息披露之後對公司收益的影響。

二是使用者與不確定性產權流轉信息的列報與披露。美國財務會計準則委員會在"會計信息的質量特徵"（SFAC No.2）中指出：有用的會計信息必須具備可靠性和相關性兩個特徵；相關性和可靠性是會計信息對決策有用的兩個主要質量特徵。在符合效益大於成本及重要性這兩個約束條件下，相關性和可靠性的提高，才使信息符合需要，從而對決策有用。國際會計準則理事會公布的"編製和呈報財務報表的結構"指出：使財務報表提供的信息對使用者有用的質量特徵包括可理解性、相關性、可靠性和可比性。由此可見，決策有用性是對會計信息的基本質量要求，有用的會計信息應當同時具備相關性和可靠性。如果信息具備很高的相關性，則信息能夠很好地反應企業的經營業績，那麼投資者決策時就應更多地考慮這些相關的信息。如果信息具有很低的相關性，或者具有很多不確定性，那麼投資者在投資決策時應當較少地考慮這些信息。如果信息根本不可靠，那麼投資者也就不會相信它。如果不確定性信息能夠更為有效地反應企業經營業績情況，或者這些信息雖然不能夠更為有效地反應企業業績情況，但這些信息比現有的信息更為精確，則這些信息就會對投資者產生影響。

不確定性信息的使用者主要是投資者，投資者可以根據歷史的相對可靠的信息來預測投資的期望收益。例如，投資者可以根據當期企業盈利來預計未來的企業盈利狀況，並依據未來的企業盈利狀況預測出企業未來的現金流。投資者也可根據一些不確定性的信息來預測投資的期望收益。在現代企業中，通常管理層處於信息優勢方，而投資者往往處於信息劣勢方。因此，管理層通常更為瞭解企業實際經營狀況。

如果一些不確定性信息的披露能夠減少企業盈利的不確定性，或幫助投資者推斷出企業資產的價值，那麼這些不確定性信息對投資者而言就是有用的。產權流轉的受讓方和轉讓方之間簽訂契約，受讓方在簽訂契約之前，可以先查看轉讓方公司的財務報表，瞭解轉讓方對不確定性信息的披露狀況。如果信息披露完整可靠，對投資者決策影響較大；如果只是簡單披露或不披露，投資者獲得的不確定性信息很少，信息不充分也不可靠，則會影響投資者的決策。

三是監管方與不確定性產權流轉信息的列報與披露。單單依靠企業自願披露不確定性信息常常會導致信息不充分和不可靠，因此各國證券管理委員會都不同程度地提出信息披露監管要求。只要不確定性信息對信息使用者是有用的，有助於投資者、債權人以及其他信息使用者的決策，那麼就應當要求企業管理層披露這些信息。

因此，對於監管者來說，其制定披露規則的管制過程應盡可能減少不確定性。對信息披露進行管制是市場的基本游戲規則，需要確定信息披露的基本準則、會計假設、會計目標、會計基本原則、會計要素等基本概念。同時，要強制地要求企業披露某些信息。監管者應當強制要求企業管理層披露一些不確定性信息，因為這些不確定性信息有助於投資者、債權人以及其他信息使用者的決策。但信息披露管制不是越多越好，這是因為監管層制定披露規則必然需要投入大量成本，制定披露規則的過程可能是多個利益集團博弈的結果，過多的披露要求也會給企業增加大量的成本。此外，如果監管層強制要求企業披露一些企業本來自願披露的信息，也會造成資源的浪費。

根據決策有用觀的思想，一些信息即使具有某些不確定性，只要其對投資者、債權人以及其他信息使用者是有用的，有助於投資者、債權人以及其他信息使用者的決策，那麼就應當要求企業管理層披露這些信息。但管理層會出於自身利益的考慮，有選擇地披露這些信息。一旦這些信息不準確，管理層可能會遭到處罰，此時就產生了對管制的要求。如果投資者是風險中性的，那麼最優的強制披露規則是不要求企業披露任何信息。

第二，不確定性產權流轉信息的列報與披露。

採用多種信息披露方式對不確定性經濟業務進行披露已是大勢所趨。不確定性經濟事項由於其計量上的困難，不可能全部進入報表內反應，對於不能計量的經濟業務，需要在報表附註、補充報表以及其他形式的報告中進行披露相關交易信息，即使在報表內計量的經濟業務，有時也需要在附註中做補充說明。

信息披露對產權流轉而言非常重要。產權流轉具有不確定性，而人們為了對充滿不確定性的產權流轉進行決策時，需要使用信息。因此，充分、透明的信息披露能夠幫助產權流轉的受讓方和轉讓方獲得更多的信息，降低流轉的失敗概率和成本，促進產權流轉市場的發展。例如，紫金礦業公司有一筆資金擬購買礦業權，假定有西部礦業公司和西寧特鋼公司的兩個礦業權轉讓，但紫金礦業公司只能購買其中一個礦業權。如果紫金礦業公司對西部礦業公司的礦業權非常瞭解，獲取了相對比較多的信息，而對西寧特鋼公司的礦業權不甚瞭解，也沒法獲得足夠的信息，這時紫金礦業公司就會選擇購買西部礦業公司的礦業權。

　　一是不確定性產權流轉信息披露位置。披露是指在財務報表附註、補充報表或其他形式的報告中，揭示某些數字或某部分信息。披露是在財務報表擴展為財務報告之後才興起的一個重要的會計程序和概念。信息披露在滿足投資者信息需求中扮演著日益重要的角色。會計信息可以通過多種披露工具傳遞給投資者，最基本的披露工具是財務報表，與財務報表最為密切相關的是財務報表附註。財務報表提供的信息是對經濟業務和事項的再確認過程，屬於會計信息的列報，與財務報表附註中的信息披露不同。財務報表附註中披露的信息是對財務報表的數據進行分析和解釋，擴展了信息的含量。除財務報表附註之外，會計信息還可以在補充信息、管理層討論與分析、董事會報告、監事會報告以及公司新聞等上面披露。

　　二是不確定性產權流轉信息披露規範。產權流轉會計的信息質量特徵要服從於會計目標。產權流轉會計目標既要考慮經營者也要考慮投資者，因此既要滿足受託責任觀，又要符合決策有用觀。隨著市場經濟的發展，產權流轉越來越頻繁，管理者和投資者都希望有真實公允的產權價值信息。財務會計兩大基本信息質量特徵是可靠性和相關性，在受託責任觀下，管理者和投資者希望產權流轉價值信息更可靠；在決策有用觀下，管理者和投資者希望產權流轉價值信息更相關，便於投資者做出正確的決策。幾乎所有的信息使用者都要做出經濟決策，如他們決定何時進行投資、投資多少、投資的回報有多少等，這就要求提供的信息具有相關性。

目前的會計報表是以反應過去的、確定的交易或事項為主要內容的，在揭示會計信息方面具有很多局限性，特別是在產權流轉業務中，傳統的會計報表體系已無法適應報表使用者的需要。因為傳統會計報表主要是對企業過去的業績和財務狀況提供了真實而公正的描述，但是對產權流轉這種未來不確定性程度很高的業務，除了運用公允價值計量之外，還應予以披露，信息披露對於產權流轉的重要性不言而喻。中國產權流轉市場自20世紀90年代成立以來，經過不斷地摸索和實踐，規模逐步擴大。隨著產權市場的快速發展，參與主體越來越多，市場也越來越活躍。產權流轉各方需要獲取足夠的信息以防範風險，市場也需要信息來規範交易流程、加強監督管理，因而加強對產權流轉的信息披露是非常有必要的。如果產權流轉信息得到充分披露，產權人就可在公平、公開、公正的基礎上形成價格競爭，杜絕暗箱操作，防止國有資產流失。產權流轉中的現在和潛在投資者、債權人以及其他信息使用者需要一些不確定性的信息進行事前的推斷和預期，獲取的信息越多，不確定性程度就越低，風險也就越小。人們為了降低產權流轉的風險，盡可能獲取更多的會計信息。土地使用權流轉在中國發展比較成熟，會計上已把土地使用權作為無形資產入帳，初始計量時採用歷史成本核算，後續持有過程中，對土地使用權進行攤銷，並在期末進行減值測試。礦業權所依託的礦產資源是埋藏於地底下的儲量資源，儲量資源的價值帶有不確定性，儲量資源該不該作為資產列示，尚存在爭議。IASB提出採掘活動的披露目標，即財務報告使用者通過財務信息可評價主體擁有的礦產和石油天然氣資產的價值、這些資產對當期財務業績的貢獻、與這些資產相關的不確定性和風險的性質及程度。

三是風險和不確定性信息的披露。產權流轉面臨的風險和不確定性非常廣泛，包括經營風險、市場風險、財務風險、信用風險、政策風險、環境風險、自然風險、信息技術風險以及募集資金投向風險等，投資者越來越重視公司的風險和不確定性信息。儘管投資者可以從多種渠道獲得企業面臨的風險和不確定性信息，但公司管理層提供的信息是最有用的，是風險和不確定性信息的最佳來源。因為公司管理層直接參與公司的經營管理，是公司財務報告的編製者和提供者。公司面臨的環境到處充滿了風險和不確定性，面對如此眾多的風險和不確定性，如何將其傳遞給投資者是管理層要面臨的主要問題。因此，管理層一般不會積極主動地披露風險和不確定性信息。

雖然不確定性信息會給風險規避的理性投資者帶來負效用，但是根據決策有用觀的思想，一組信息即使具有某些不確定性，只要其對投資者、債權人以及其他信息使用者是有用的，有助於投資者、債權人以及其他信息使用者的決策，那麼就應當要求公司管理層披露這些信息。投資者在做出科學的決策前，需要瞭解公司面臨哪些類別的風險以及這些風險的程度如何，除了定性描述以外，最好進行風險定量披露。同時，應披露公司採取的風險對策和措施。目前的風險披露規範只涉及市場風險和與衍生金融工具有關的風險。對於不確定性的產權流轉，除了披露市場風險和衍生金融工具風險之外，還應披露政策風險、財務風險、經營風險、管理風險、自然風險、環境風險、信用風險以及信息技術風險等，更重要的是要披露公司應對風險的策略。根據不確定性程度不同，高度不確定性產權流轉、中度不確定性產權流轉和低度不確定性產權流轉在風險和不確定性信息披露上應有所區別。

2.3 本章小結

本章構建基於不確定性的產權流轉會計概念框架體系，基本內容如下：

首先，分析產權流轉過程中的不確定性和風險。不確定性和風險雖有區別，但在實際工作中很難區分，因此本書不區分不確定性和風險。按產權流轉業務不確定性對經濟組織的影響程度，我們將產權流轉分為高度不確定性產權流轉、中度不確定性產權流轉和低度不確定性產權流轉三類。

其次，分析與產權流轉會計相關的理論基礎。產權的界定、變更以及產權結構的安排是產權經濟學研究的重點，產權流轉必須以產權理論為基礎。在產權流轉過程中，如果沒有契約保障雙方當事人的權利與義務，則容易引起利益衝突，利益關係的某一方可能採取利己而損害他人的行動，只有簽訂了契約，才能減少利益衝突，產權流轉才能真正體現平等、自由、對價、合意。對產權流轉過程的價值計量與報告必須以價值理論為基礎，價值理論包括勞動價值論和效用價值論。

最後，構建基於不確定性的產權流轉會計框架體系，包括產權流轉會計對象及會計要素的確定，產權流轉的確認、計量與信息列報和披露，特別提出產權流轉會計應以公允價值作為主要計量屬性。

3 高度不確定性產權流轉計量：以礦業權為例

3.1 礦業權的界定及礦業權流轉制度的演進

礦產資源是人類賴以生存的重要資源，是國民經濟的基礎性產業之一。全球各國經濟的發展都需要使用和消耗大量礦產資源，尤其是中國作為一個發展中國家，在科技相對落後的情況下，資源型產品成為國民經濟發展的支柱之一，礦業權流轉成為影響礦產資源利用的重要因素。

3.1.1 礦業權的界定

礦業權是中國法律賦予企業法人、自然人等經濟主體於一定期限內在規定的礦區內勘查和開採礦產資源的權利。經濟主體勘查礦產資源的權利稱為探礦權，開採礦產資源的權利稱為採礦權。中國礦產資源所有權歸國家所有，從所有權中派生出了探礦權和採礦權。在中國，國家對礦產資源擁有完全支配權，是所有權唯一的主體，而礦業權人只能擁有使用和收益的權利，因此《中華人民共和國物權法》規定探礦權、採礦權屬於用益物權。礦山企業及個體採礦者行使採礦權的前提就是從國家的手中取得採礦權。由於礦產資源的數量有限、埋藏深、開採複雜、危險系數大等特性，因此國家對採礦權的取得做出適當限制實屬必要。

中國法律規定經濟主體取得礦業權後可依法轉讓。轉讓礦業權應當具備法律規定的條件，主要包括規定的期限，完成一定的勘探投入，已按國家規定繳納礦業權使用費、價款、礦產資源補償費和資源稅，礦業權屬沒有爭議。探礦權人有權優先取得其勘探區域內的採礦權。採礦權的獲得還可通過公司重組收購、合併、投資入股等方式取得。

3.1.2 礦業權流轉制度的演進

3.1.2.1 國外礦業權發展歷程

西方國家在19世紀工業革命時期，由於資本主義經濟的快速發展，對礦產資源的生產和利用達到頂峰，大量礦產資源得到勘探和開採，礦產品成為西方國家經濟發展的基礎。20世紀60年代左右，提出了礦業權的概念，通過法律規範礦產資源的產權歸屬。

各國法律對礦業權的分類有不同的規定。土耳其採用一分法，即只要申請一次，如果獲得通過就取得了勘探、開發和採礦一系列活動的權利，無須重複申請。有的國家採用二分法，如巴西、印度尼西亞、加拿大等，將探礦權和採礦權分開申請和分別授予。中國也採用二分法。還有一些國家採用三分法，如澳大利亞將礦業權分為探礦權、採礦權和評價權，這種分類程序繁瑣，不利於礦業活動的發展。

西方國家礦業權的經營過程主要包括探礦權的取得和轉讓、採礦權的取得和轉讓。探礦權的取得就是獲得勘探許可證，如果某國的礦產資源所有權一律歸國家所有，則可直接向政府申請獲得探礦權；如果某國的礦產資源是隨附於土地所有權的，則土地所有權人可直接擁有探礦權。探礦權的轉讓一般需在獲得探礦權兩年後通過招標、拍賣、協議等方式進行。西方國家的採礦權轉讓主要以招標、拍賣、協議的方式進行，但法國、美國比較特殊，採用特許權和國家委託等方式進行。

3.1.2.2 中國礦業權的歷史演進

資源無價論導致中國在計劃經濟體制下實行資源無償開採制度，沒有礦業權的概念，更談不上礦業權的流轉。法律對礦業權的研究也是一片空白。隨著市場經濟的不斷發展，礦產資源的需求和資金投入不斷增加，勘探、開採礦產資源的風險越來越大。為了轉移風險和減輕投資壓力，礦產資源所有者（國家）認為需要從所有權中分離出部分權能。1986年國家出抬的《礦產資源法》首次正式採用"探礦權""採礦權"名詞。1994年國家出抬的《中華人民共和國礦產資源法實施細則》界定了"探礦權""採礦權"的含義。中國"礦業權"一詞首次出現在《礦業權評估師執業資格制度暫行規定》中。隨後國家對《礦產資源法》進行了修訂，確立了礦業權有償取得和依法轉讓的基本法律制度。1998年國家出抬的三個礦業權行政法規，規定了礦業權的取得、流轉條件及保護措施，肯定了礦業權的商品屬性，標誌著礦業權市場正式啓動。2000年國土資源部發布的《礦業權出讓轉讓管理暫行規定》明確了礦業權的出讓方式和轉讓方式，礦業權的出讓可以採取批准申請、招標、拍賣等方式進行，礦業權的轉讓可以採取出售、作價出資、合作勘查或開採、上市等方式。2003年國土資源部發布的《探礦權採礦權招標拍賣掛牌管理辦法》對礦業權出讓的方式和程序、競價方式、公開信息內容以及市場監督管理方面又做出了進一步規定。目前中國已形成了政府出讓礦業權的一級市場以及權利人之間轉讓礦業權的二級市場。

3.2 礦業權的價值構成及評估

在傳統的經濟和價值概念中，礦產資源的價值問題一直未能得到很好的解決，"產品高價、原料低價、資源無價"理念嚴重影響著礦產資源的保護和合理利用。國內外關於礦產資源價值的研究有很多，早期一些學者依據馬克思的勞動價值論認為礦產資源是大自然賦予我們人類的，資源本身沒有凝結人類的勞動，因此是無價值的。第二種觀點認為礦產資源雖然本身沒有凝結人類的勞動，但是按照西方的效用價值論，礦產資源具有效用性，因此是有價值的。第三種觀點認為單獨考慮勞動價值論或單獨考慮效用價值論，都是不妥的，應將勞動價值與效用價值統一起來對礦產資源的價值進行研究。

雖然勞動價值論和效用價值論的統一能比較真實地反應礦產資源的價值，但勞動價值論和效用價值論還不能完全分析礦產資源的價值內涵，勞動價值只是礦產資源價值的一部分，效用性是礦產資源具有價值的前提和必要條件，要實現礦產資源價值的有償使用，還需考慮稀缺性、壟斷性、產權以及開採礦產資源對生態環境的影響等因素。礦產資源的價值理論除了前已述及的馬克思勞動價值理論、效用價值理論和產權理論外，還需結合地租理論。租用土地所付出的代價叫做地租，早期的亞當·斯密和李嘉圖對地租理論進行了研究，後來馬克思發展了他們的地租理論，馬克思的地租理論體系包括絕對地租和級差地租。馬克思指出真正的礦山地租的決定方法和農業地租完全一樣，絕對地租在真正的採掘工業中起著更為重要的作用。礦產所有權的壟斷是產生礦山絕對地租的原因，資源禀賦及分佈是產生級差地租的源泉。

目前，各類文獻對礦業權價值內涵的認識並不一致。李萬亨（2002）提出礦業權的價值由礦產資源本身的使用價值和地勘成果價值兩部分構成。前者就是級差礦租和絕對礦租，是通過收益現值法公式計算出來的超額利潤，後者通常是利用定額勞動消耗或費用效用法求得的。謝貴明（2004）從市場經濟和財產權層面考察研究礦業權的價值構成，包括礦產資源所有者權益、礦業權出資者權益和新礦業權人權益。張金路（2006）對探礦權的價值表現形式、價值確認和計價方法進行了研究。

3.2.1 探礦權的價值構成

地勘人員從事地質勘查活動的目的是為了獲得探礦權的價值，勘查過程中需要投入人力、物力和財力，運用相關的科學技術手段，對特定區域內的礦種名稱、賦存狀態、品位、儲量規模、開採條件等進行探索和研究所付出的活勞動。因此，凝結在地勘成果中的勞動構成了探礦權的價值。企業要取得探礦權，首先要支付一定的成本，如區塊登記費用、探礦權使用費等。取得探礦權以後，需投入一定的人力、物力、財力進行普查、詳查和勘探等工作。因此，探礦權的價值由探礦權有償取得成本、地勘環境補償費、探礦權轉讓稅費、探礦權轉讓收益四個部分組成。

3.2.1.1 有償取得成本

中國礦業法律規定，經濟組織和法人組織取得探礦權時，必須每年向國家繳納探礦權使用費。探礦權使用費標準：第一個勘查年度至第三個勘查年度，每平方千米每年繳納 100 元；從第四個勘查年度起，每平方千米每年增加 100 元，但是最高不得超過每平方千米每年 500 元。如果探礦權是由國家出資勘查探明的，除繳納探礦權使用費外，申請人還需繳納由國家出資勘查探明的探礦權價款，該部分價款應經過評估確認。申請人繳納的探礦權使用費和評估確認的探礦權價款應該計入探礦權的價值中。

3.2.1.2 地勘投入及環境補償費

申請人取得探礦權後，為了探礦權的連續性和保值增值，需對礦權地繼續勘查，勘查過程中投入的物力和人力會增加探礦權的價值，降低後續礦業權人的勘查風險。勘探過程中，可能會對周圍環境造成破壞，對環境的補償成本構成探礦權的價值。因此，探礦權人的勘查投入及地勘過程中的環境補償構成探礦權的價值。

3.2.1.3 探礦權轉讓稅費及收益

地質勘探具有高風險的特點，高風險可能為礦業投資者帶來高的回報。勘查完成以後，形成的勘探成果可以進一步轉讓給其他地勘單位或開採單位，會發生銷售費用和稅金，同時勘查單位還希望取得一定的經濟效益，這些收益和稅費構成探礦權的價值。

3.2.2 採礦權的價值構成

採礦權是指礦業權人依法對國家所有的礦產資源享有佔有、使用和收益的用益物權。採礦權客體應包括已探明儲量的礦產資源和礦區，具有複合性，並且礦區及其蘊涵的礦藏種類規模不同對採礦權的取得及其行使有著重要影響。採礦權可有限制的轉讓，法律應明確並完善採礦權的抵押、出租和承包等流轉形式。採礦權的評估價值可作為採礦權流轉時的底價。

採礦權的標的資產是礦產資源，採礦權的價值構成即為礦產資源價值構成。根據馬克思的價值理論及效用價值論將礦產資源的價值分為內在價值和外在價值，因此採礦權的價值也由內在價值和外在價值構成。採礦權的價值的內在價值是大自然的恩賜，是未來開採礦產資源收益的現值。內在價值決定於所獲得的礦產資源儲量的質和量及其經濟效用，其大小由礦藏的生成條件、賦存情況和豐度決定，自然豐度好的礦產地，雖然地勘投資較少，但是其內在價值可能很大，故轉讓其採礦權後仍能獲得好價格；相反，自然條件較差的礦產地，則很難得到好價格，甚至無人問津。採礦權的價值的外在價值由國家所有者權能價值、探礦權價值和政府管理權能價值組成。採礦權主要開採已勘探查明儲量的礦產資源，因此採礦權價值中應包含探礦權的價值。占用國家的土地需支付地租，礦山地租是由礦山可採儲量的級差地租、壟斷地租和絕對地租等組成。開採礦產資源需要向國家繳納各種稅費，包括礦產資源補償費和資源稅。國家徵收的各種稅費應包括在採礦權價值之內。在低碳經濟背景下，礦業權價值中應考慮碳權交易成本和碳稅。碳權交易是市場經濟框架下解決碳排放最有效的方式，把原本一直遊離在資產負債表外的氣候變化因素納入了企業資產負債表。碳稅是一種污染稅，礦產資源開採尤其是能源礦產的開採，會排出大量的二氧化碳等有害氣體，因此政府可採取徵收碳稅來減少溫室氣體的排放量，使外部負效應內部化。開採礦產資源會破壞周圍地區的空氣、土壤、地下水，形成滑坡、泥石流等地質災害，嚴重危害生命健康，因此礦山企業需繳納環境補償費和賠償金。礦業權的價值構成如圖 3.1 所示。

3.2.3 礦業權的價值評估

礦業權評估是由專門的礦業權評估機構和礦業權評估師依據相關的法律規範，對礦業權所依附的礦產地進行價值評估，評估師遵循一定的程序，運用科學的技術手段和適當的評估方法，根據評估對象的自然條件及經濟環境狀況，對特定時點的礦業權價值進行估算，得出礦業權的價值。礦業權的評估價值是公司兼併、收購以及股票發行、上市交易的基礎。礦業權評

圖 3.1 礦業權價值構成

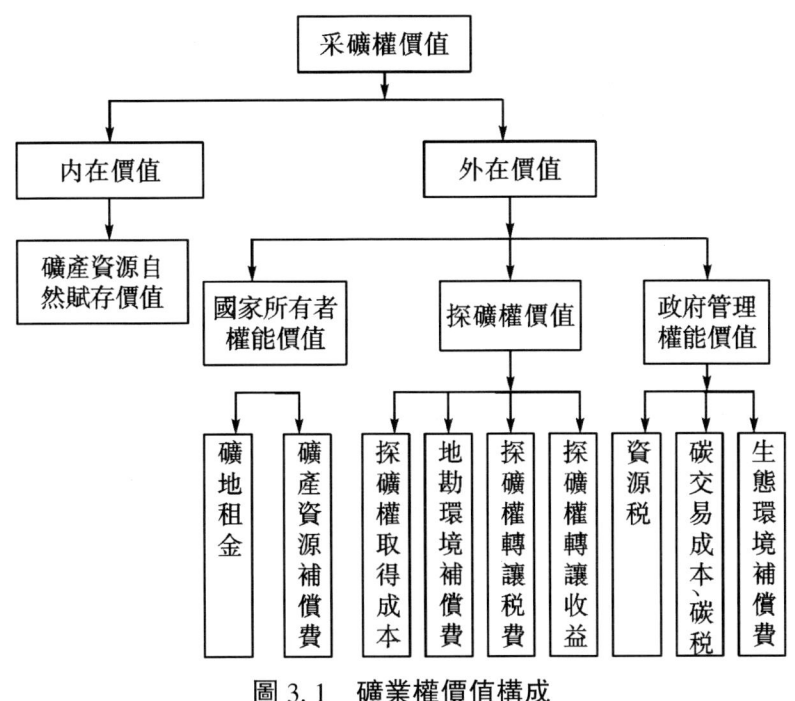

估的對象是探礦權和採礦權。探礦權和採礦權的評估方法不僅相同，常用的探礦權評估方法有約當投資—貼現現金流量法、重置成本法、地質要素評序法、地勘加和法和粗估法。採礦權常用的評估方法包括收益法、貼現現金流量法以及市場比較法等。

3.2.3.1 Black-Scholes 期權定價模型運用條件

經濟學中任何一個理論模型的運用都需要事先假定一系列條件，Black-Scholes 模型也不例外。Black-Scholes 期權定價模型運用的條件有：第一，標的資產的價格和收益服從標準正態分佈；第二，標的資產在期權的有效期內沒有紅利支付；第三，標的資產價格波動方差和無風險利率保持不變；第四，期權在到期前不可實施，即為歐式期權；第五，期權交易不存在無風險套利的機會。Black-Scholes 期權定價模型公式如下：

$$c = SN(d_1) - Xe^{-rT}N(d_2) \qquad (3.1)$$

$$p = Xe^{-rT}N(-d_2) - SN(-d_1) \qquad (3.2)$$

$$d_1 = \frac{\ln\left(\frac{S}{X}\right) + \left(r + \frac{\sigma^2}{2}\right)T}{\sigma\sqrt{T}} \qquad (3.3)$$

$$d_2 = \frac{\ln\left(\frac{S}{X}\right) + \left(r - \frac{\sigma^2}{2}\right)T}{\sigma\sqrt{T}} = d_1 - \sigma\sqrt{T} \qquad (3.4)$$

上式中：c 為看漲期權的價格；P 為看跌期權的價格；S 為標的資產的初始價格；X 為期權的執行價格；T 為執行期限；r 為無風險利率；σ 為標的資產價格的波動率；$N(\ )$ 為累積正態分佈函數；$\ln(\ )$ 為以 e 為底的自然對數（$e = 2.718,28$）

從模型運用條件可看出，Black-Scholes 期權定價模型是針對不支付紅利的歐式看漲期權建立的。美式看漲期權如果在持有期間不支付紅利，則美式看漲期權與歐式看漲期權具有等價性。因此，Black-Scholes 模型也可用於不支付紅利的美式看漲期權定價。但在實踐中，期權可能提前執行，也可能支付紅利，而提前執行和支付紅利對期權價值將會產生重大的影響。因此，需要對 Black-Scholes 期權定價模型進行進一步的修正，修正後的模型公式為：

$$c = S_t e^{-yT}N(d_1) - Xe^{-rT}N(d_2) \qquad (3.5)$$

Black-Scholes 期權定價模型首先用於估計金融工具的公允價值，其在金融工具中的應用非常廣泛，包括股票、基金、股指期貨、可轉換債券價值等。隨著金融全球化進程的不斷加快，金融工具不斷創新，Black-Scholes 模型在金融工具會計準則中得到了體現，如 FASB 在其財務會計準則第 107 號"金融工具公允價值的披露"（SFAS No.107）中明確指出，以 Black-Scholes 模型為代表的期權定價模型估計的公允價值，符合該準則的要求。

3.2.3.2 Black-Scholes 模型在礦業權價值評估中的運用

案例 1：內蒙古鄂爾多斯一煤礦準備對外出售，為了合理定價，需要對該礦業權進行評估。礦山服務年限為 20 年，標的資產價值 $S = 5.5$ 億元，期權執行價格 $X = 6.2$ 億元，假定煤炭價格波動的標準差 $\sigma = 0.15$，無風險利率 $r = 5\%$，紅利收益率為 6%。請確定該煤礦採礦權的期權價值。

在這個例子中，已知 $S = 5.5$，$X = 6.2$，$\sigma = 0.15$，$T = 20$。將這些條件代入公式（3.3）中，可得：

$$d_1 = \left[\frac{\ln\left(\frac{S}{X}\right) + (r - y + 0.5\sigma^2)T}{\sigma\sqrt{T}}\right]$$

$$= \left[\frac{\ln\left(\frac{5.5}{6.2}\right) + (5\% - 6\% + 0.5 \times 0.15^2) \times 20}{0.15\sqrt{20}}\right] = -0.141,3$$

$$d_2 = d_1 - \sigma\sqrt{T} = -0.141,3 - 0.15\sqrt{20} = -0.812,1$$

$N(d_1)$，$N(d_2)$ 的值通過查標準正態分佈表可得：

$N(d_1) = N(-0.141,3) = 1 - N(0.141,3) = 0.444,2$

$N(d_2) = N(-0.812,1) = 1 - N(0.812,1) = 0.209$

則採礦權價值為：

$c = Se^{-yT}N(d_1) - Xe^{-rT}N(d_2)$

$= 5.5 \times e^{-0.06 \times 20} \times 0.444,2 - 6.2 \times e^{-0.05 \times 20} \times 0.209$

$= 0.735,8 - 0.476,79$

$= 0.26$（億元）

該採礦權的期權價值為 0.26 億元。

由於礦產資源具有開採時間長的特殊性，並且儲量是埋藏於地底下的自然資源，不確定性很大，具體開採時需考慮時間價值因素。同時礦業權交易涉及的不確定因素很多，運用 Black-Scholes 期權定價模型對礦業權流轉價值進行評估只是其中方法之一，Black-Scholes 期權定價模型在礦業權評估中運用的參數仍需繼續完善。

3.3 礦業權流轉計量屬性的選擇

3.3.1 各國礦產資源會計準則及計量方法比較

美國是較早對礦產資源會計進行研究的國家，主要集中在石油天然氣領域。目前，已形成了一套完整的石油天然氣會計準則體系。澳大利亞是一個礦產資源非常豐富的國家，早已建立了具有澳大利亞特色的會計準則體系。國際會計準則理事會也一直致力於研究採掘行業會計準則。中國於 2006 年發布了《企業會計準則第 27 號——石油天然氣開採》，開啓了中國採掘業會計的先河。表 3.1 為各國礦產資源會計準則及計量方法比較。

表 3.1　各國礦產資源會計準則及計量方法比較

國家	會計準則或公告	會計計量方法
美國	SFAS No.19：石油天然氣生產企業的財務會計與報告	成本法（成果法）
	SFAS No.25：暫停使用對石油天然氣生產企業的某些會計規定	成本法（成果法、完全成本法）
	SFAS No.69：石油天然氣生產活動的披露	現值（儲備確認會計，未被採用）
IASB	IFRS 6：礦產資源的勘探與評價	成本法

表3.1(續)

國家	會計準則或公告	會計計量方法
澳大利亞	AASB 1022：採掘行業會計 AAS 7：採掘行業會計 AASB 6：礦產資源的勘探和評價	成本法（權益區域法）
加拿大	研究報告：小型礦業公司的財務會計與報告 公告：石油天然氣行業完全成本會計	成本法（完全成本法）
英國	公告 SORP 2000：石油天然氣勘探、開發、生產和廢棄活動會計	成本法（成果法、完全成本法）
印度尼西亞	財務會計準則聲明第33號：一般採礦行業會計；財務會計準則說明第29號：石油天然氣行業會計	成本法（成果法、完全成本法）
尼日利亞	會計準則說明第14號：石油行業會計——上游活動；企業準則說明第17號：石油行業會計——下游活動	成本法（成果法、完全成本法）
南非	公告：採礦行業會計與報告實務	成本法（核銷法）
中國	《企業會計準則第27號——石油天然氣開採》	成本法

表3.1顯示了世界上一些國家國以及IASB的相關會計準則或公告都以歷史成本來計量礦產資源資產價值，將勘探開發支出按成本法處理，雖考慮了礦業權的外在價值計量，但是沒有計量和披露礦產資源的內在價值，導致礦業主體少計資產和收益。然而歷史成本不會隨著市場和經濟的發展而調整，其弊端逐漸顯現。隨著市場經濟的逐步發展，完善的市場可以提供相

關的市場價格，因此公允價值計量逐漸受到人們的喜愛。由於國際會計界堅持不懈地研究公允價值計量技術和方法，擴大公允價值的應用範圍，因此將公允價值應用於礦產資源領域是可能的。

3.3.2 中國礦業權確認與計量的現狀

由於數據庫查找的局限性，筆者通過查閱2011年所有的上市公司年報，披露礦業權的公司主要分佈在石油天然氣行業、煤炭行業、鋼鐵行業、有色金屬行業，少量分佈在玻璃陶瓷和材料行業。2011年年報計量了礦業權資產金額的公司有105家。由於工作量非常巨大，有遺漏之處在所難免。

105家公司中，除了中石油將取得的礦業權計入"油氣資產"外，其餘104家公司都將採礦權計入無形資產，只有酒鋼宏興（600307）、洛陽玻璃（600876）、寶泰隆（601011）、攀鋼釩鈦（000629）、新興鑄管（000778）5家公司將探礦權計入"其他非流動資產"項目。盛屯礦業（600711）將勘探權採礦權使用費計入"管理費用"。在計入無形資產的公司中，有9家公司將探礦權和採礦權合併入帳，其餘都是分別入帳確認。2011年年初披露的礦業權合計數為144億元，2011年年末礦業權合計數為183億元。96家公司則是分別披露探礦權和採礦權數據，在報表附註中按無形資產的帳面原值、累計攤銷、帳面淨值、減值準備、帳面價值列示。兩家公司披露了未探明礦區權益情況。兗州煤業（600188）披露企業合併中取得的勘探和評價資產，以其收購日的公允價值確認，列示於"無形資產——未探明礦區權益"項目，2011年年初餘額為37.7億元，2011年年末餘額為36億元。東方鋯業（002167）只有期末餘額407萬元。（見表3.2）

表 3.2　　　　　　　　中國礦業權會計處理現狀

礦業權項目	計入資產項目	公司數量（家）	備註
礦業權	油氣資產	1	中石油
探礦權	其他非流動資產	5	酒鋼宏興、洛陽玻璃、寶泰隆、攀鋼釩鈦、新興鑄管
	無形資產	99	—
採礦權	無形資產	104	—
探礦權、採礦權合併入帳	無形資產	9	—
探礦權、採礦權分別入帳	無形資產	96	—

12 家公司計量了勘探開發支出金額，凌鋼股份、江西銅業、百花村、西部礦業、中國石油、紫金礦業、國投新集、中色股份計入"無形資產"；西部資源、西藏礦業、雲鋁股份計入"長期待攤費用"，2011 年年初餘額為 373 億元，2011 年年末餘額為 412 億元。西部礦業（601168）計量了地質成果的金額 1.2 億元。章源鎢業（002378）將勘探開發支出和地質成果計入"其他非流動資產"，2011 年勘探開發支出期初數為 7,061 萬元，期末數為 7,196 萬元，地質成果期初數為 207 萬元，期末數為 110 萬元。

3.3.3　公允價值在礦業權流轉中的運用條件分析

3.3.3.1　歷史成本計量屬性的局限性

在歷史成本法下，當價格明顯變動時，不同的交易時點，相同的歷史成本代表不同的價值量，這些代表不同價值量的歷史成本之間沒有可比性。由於費用以歷史成本計量，而收入以現行價格計量，收入與費用之間缺乏可比性。當債權人和投資者使用這些非真實信息做出投資決策時，既缺乏相關性，又缺乏可靠性。成果法、完全成本法本質上都是歷史成本基礎，不能提供礦產資源生產活動的財務狀況和經營成果的充分信息。

第一，成果法的不足。FASB提出了兩種計量石油天然氣資源的方法，即成果法和完全成本法。成果法基於歷史成本基礎，當礦區勘探成功時，將與發現探明儲量相關的勘探支出資本化；如果勘探失敗則將勘探支出計入當期費用。由此可見，成果法主要針對已發現探明儲量相關的成本費用，對於已發現未探明儲量則沒有規定。礦業權流轉既有已探明儲量的，也有未探明儲量的，因此成果法不適用於中國的礦業權流轉。另外，成果法的應用將會抑制礦產資源生產企業為其勘探活動籌集資本的能力，尤其是小型勘探企業在獲得資本時將會遇到特殊的困難，這是因為成果法下，企業的收益表將可能報告收益的波動及淨損失，資產負債表可能顯示累計的赤字。但潛在的資本供應者不瞭解這些波動和損失，資本來源會遞減或更加昂貴，而經濟發展卻需要鼓勵採礦企業追加資金以勘探礦產資源。

第二，完全成本法的不足。完全成本法則不論勘探過程中是否發現了石油天然氣探明儲量，取得石油天然氣財產、勘探、開發過程中發生的一切費用都應資本化，並在今後進行折舊、折耗和攤銷。完全成本法將所有石油天然氣儲量集中到一個非常廣泛的成本中心（國家或大陸），不論這些儲量究竟位於何處、究竟何時被發現，將此集合作為一項單一資產進行會計處理。在此成本中心發生的所有取得、勘探及開發成本都認為是該集合資產的成本，而不論勘探失敗與否。

完全成本法與財務會計概念框架不一致，即使是已知不會產生確定的未來利益的成本仍然作為與其沒有直接關係的資產成本予以資本化處理。在採掘行業，礦產資源儲量代表企業取得、勘探及開發活動所最終獲得的預期未來利益。如果勘探失敗，沒有發現礦藏儲量，未來不會有經濟利益流入企業，因此不應將失敗的勘探支出予以資本化。

3.3.3.2　公允價值計量礦產資源儲量的必然性

現行礦產資源資產主要以歷史成本為計量基礎，但是這種方法沒有突出礦產資源行業的經濟特徵，沒有對礦產資源儲量進行會計處理，不符合財務報表的基本目標。因為礦產開採企業的主要資產是礦產資源儲量，最重要的經濟事件是儲量的發現。礦產資源埋藏於地底下，儲量很難估計，其勘探開採時間非常長，具有極大的不確定性。從美國、國際會計準則理事會及澳大利亞的礦產資源會計準則可以看出，礦產資源價值的計量問題並沒有得到根本解決，無論是側重於成本法計量，還是側重於價值法計量，其價值的計量都是浮於形式。要想有效控制礦業權流轉過程的風險，必須運用公允價值計量，公允價值是礦業權流轉價值計量的必然選擇。礦業權屬於長期投資項目，礦業投資項目資金成本非常巨大，會計必須反應和體現這些成本支出，由於時間長、具有不確定性，必須以公允價值計量。同樣，礦業活動容易發生各類安全事故，尤其是煤炭開採，中國煤炭開採瓦斯爆炸和透水事件頻發，如震驚全國的王家灣礦難事故。為了減少事故的發生，首先要加強礦山企業對安全設施的建設投入，發生礦難要及時處理，控制產權流轉風險最重要的一條就是要運用公允價值計量流轉中的收益和風險。隨著美國及國際會計準則理事會對公允價值的研究，金融期權技術在公允價值中的運用越來越廣，國際礦產資源市場的逐步完善，採用公允價值計量礦產資源的產權流轉不失為一種較好的辦法，可以為信息使用者提供更相關的信息。

隨著通貨膨脹的持續，產品現貨市場和期貨市場的完善，現行價值越來越得以運用。FASB 於 2006 年發布了第 157 號會計準則，這是一份獨立的關於公允價值的準則，把公允價值的計量推向高潮。但由於金融危機的出現，人們對公允價值會計計量產生了擔心。採掘行業對使用公允價值會計計量的擔心是可以理解的，因為財務報告中的資產和損益受儲量重大估計、商品價格和匯率波動等綜合因素的影響，公允價值的運用會增加財務報告的波動性。因此，採用混合計量基礎，即採用歷史成本和公允價值計量相結合的模式是理想的選擇。礦產資源勘探權的取得、勘探及評價、開發過程中所發生的支出，可以資本化為資產，以歷史成本計量，並進行折舊計算和減值測試。採掘行業的核心資產——儲量資產是指埋藏於地下的礦產資源，與勘探和評價支出之間有很大的差異性。由於礦產資源市場化程度越來越高，像石油天然氣、煤炭、鐵鋁等礦產資源都有公開的交易市場，我們可以借鑑參考公開的市場價格，即公允價值來確定礦產資源的儲量價值，採用公允價值計量，並在財務報表主表中進行反應，同時在附註中揭示儲量的數量。當儲量估計發生變動時，應作為會計估計變更。

礦產資源儲量是給採礦企業未來帶來經濟利益的經濟資源，符合資產的定義，因此礦產資源儲量應當包括在採礦企業資產中。採用公允價值計量礦產資源儲量，應當在每一財務報表日根據可獲得的最新信息對儲量進行估價，儲量價值的定期變化應當直接在收益表中反應，或在資產負債表的股東權益部分直接報告價值的變化。在公允價值下，採礦企業可以編製單獨的數據：儲量新發現導致價值的增加；儲量的調整帶來價值的變化；為反應該時期單位價值的變化而重新評估期末儲量產生的持有資產利得和損失。

3.3.3.3 公允價值估計方法

為了加強對採掘活動會計的研究，IASB 成立了採掘活動項目小組，對礦產資源儲量資產的確認與計量進行研究，並於2008年在倫敦對採掘活動草案進行討論。採掘活動草案的4.8~4.31段對礦產資源公允價值計量進行了深入的研究，包括公允價值估價技術的選擇、礦產資源公允價值計量下的記帳單元的確定、礦產資源公允價值計量適用的公允價值級次的確定、以財務報告信息的質量特徵評估儲量或資源資產公允價值問題等。

採掘活動草案的4.11~4.37段討論了公允價值估計的三種方法，即市場法、成本法和收益法，排除了市場法和成本法，建議採用收益法。這是因為成本法和市場法側重於過去和當前；收益法更重視未來，是未來導向的。收益法的基本思路是將未來經濟收益按照一定的比率折現，得到所計量項目的現值作為其公允價值，所以這種方法又被稱為現值技術。收益法有多種分類，一種是按照折現的現金流量的不同進行分類，分為未來現金流量折現法和收益資本化法；另一種是根據對風險處理方式的不同進行分類，分為傳統法和預計現金流量法。這兩類不同的方法有著不同的估計和假設，對於傳統法而言，主要估計預計現金流量和各自的可能性；對於預計現金流量法而言，主要估計預計現金流量的金額、每期的價值增長率和折現率或資本化率。鑒於市場法和成本法的不足，礦產資源資產的公允價值和探礦權資產的公允價值使用收益法來取得。國際評估標準委員會（IVSC）指南第14條指出，折現現金流量分析是企業進行採掘活動投資決策最常用的方法。因此，收益法通常用於評估礦物儲量或資源的估價。

3.3.3.4 公允價值級次在儲量/資源中的應用

SFAS No.157定義了公允價值的級次，並且為財務報告目標建立了一個計量公允價值的框架。SFAS No.157把公允價值計量的參數按優先次序分為三個級次：一級參數是指活躍市場中相同資產或負債的報價，採用市價法確定公允價值；二級參數是指除一級參數之外的其他可觀察市場參數，採用類似項目法確定公允價值；三級參數是不可觀察參數，採用估價法確定公允價值，但具體操作起來很難，帶有較強的人為主觀性。以公允價值作為勘探項目和礦產石油天然氣資產的計量基礎，需要取得與第三級參數相關的不確定系數。在收益法中估計公允價值，通常以各個參數不同價值的不同概率為基礎，通過計算預期價值來完成。使用預期價值的方法解決了未來現金流量估計固有的不確定性。但是公允價值估計還包括用於預測時間、金額或未來現金流量概率的潛在計量誤差的風險調整。

第一，使用收益法估計公允價值需要確定的參數。使用收益法估計公允價值需要確定的參數一是可採礦產資源數量。這種估計要求解釋礦床的地質，包括該礦床蘊藏的礦產資源總量估計（質量估計）；假設有關決定礦床中開採礦產資源數量的技術因素，其中又包括石油天然氣儲層壓力和流速；對礦物和礦井的設計。二是在使用年限內產權區域的生存狀況。三是商品價格、匯率、開發和經營成本、稅收、權利金制度和其他需支付給政府的款項。四是與貨幣時間價值相關的貼現率及不反應在未來現金流量估計中的風險。

第二，不可觀察參數的規定。公允價值計量礦產資源資產存在不確定性及缺乏可觀察的市場參數。尤其是在勘探的早期階段，不確定性程度最高，因為這時礦產資源是否能被經濟生產沒有足夠的信息，使得開採礦物數量的估計和生產成本的估計變得主觀，甚至是投機性估計。資源的不確定性隨著勘探的進展而降低，但即使在生產階段，仍然很明顯。根據儲量/資源的定義，礦產資源可分為已探明的、很可能的和可能的。本書基於不確定性產權流轉的研究，因此對於儲量/資源的計量，主要考慮未探明的儲量/資源的價格，其價格經常不穩定，預測很困難。期貨市場可為儲量/資源未來現貨價格提供一個市場預期，但即使如此，通常只是一個較小年數的流動市場，遠遠低於許多礦產資源資產可能的使用年限。

　　第三，公允價值級次的參數在礦產資源資產計量時的應用。公允價值收益法所需的許多參數被寫入公允價值計量的第三層級。① 雖然美國 2009 年 5 月的徵求意見稿設想了不可觀察市場參數的作用，但這並不意味著這些參數將始終提供一個公允價值的估計，以滿足財務報表中使用的標準。徵求意見稿以 SFAS No.157 號 "公允價值計量" 為基礎。有人認為，公允價值計量採用不可觀察的參數做假設引起了對公允價值計量的關注，一種假設未必能可靠地反應實際經濟現象，一些 IASB 成員擔憂這對財務報告使用者來說是不可靠的。但是 IASB 成員一致認為，對公允價值計量的關注是基於假設市場中的假設交易，主要涉及適當的計量屬性的選擇問題，即 IASB 概念框架項目的重點領域。

　　3.3.3.5　國際市場上主要金屬礦產資源價格由談判體系或期貨市場決定

　　國際市場上，主要金屬礦產品貿易定價方式主要有兩種：一種方式是由國際市場上的主要供需方進行商業談判以確定價格；另一種方式是以作為全球定價中心的國際期貨市場的期貨合約價格為基準價格來確定國際貿易價格。鐵礦石價格由第一種定價機制確定。作為最重要的金屬礦產資源，鐵礦石在價格操縱與反操縱的反覆博弈過程中，逐漸形成了相關企業價格談判體系：主要供需方 "交叉捉對" 展開談判，採取 "首發—跟風" 模式，遵循 "長協、離岸價、同漲幅" 原則。但從 2008 年

---

　　① 公允價值等級參見美國 2009 年 5 月徵求意見稿——公允價值計量。這個徵求意見稿清楚地設想公允價值的使用建立在第三級參數的基礎上，並提出了驅動不可觀察的市場參數的指南。

開始，傳統定價機制被供需雙方共同詬病（從 1981—2009 年的 28 年談判歷程中，共有 12 個年度鐵礦石價格下跌，15 個年度鐵礦石價格上漲，1985 年鐵礦石價格維持不變）。占據全球一半以上需求份額的中國希望在實施長協價的基礎上，實現量價互動、量大優先和中國市場統一價格。供方則希望依照現貨行情簽署短期供貨合同。傳統的年度長協定價機制可能被與現貨價格聯繫更緊密的季度定價機制代替。

受供求關係、世界經濟、金融和外匯等相關市場因素的影響外，一些有很強影響力的市場參與者或某個市場掌握了一些有色金屬礦物定價權。期貨交易的金融特性決定了金屬礦產資源產品期貨價格易受政治、經濟和投機等因素影響。

3.4 礦業權流轉——受讓方會計

礦業權屬於長期投資項目，礦業投資項目資金成本非常巨大。眾所周知，尋找和開發礦產資源需要大量的資金支出。在發生大量的資金支出之後，會產生兩種結果，一種是好的情況，能成功地找到商業可採礦藏，發現大量的礦藏儲量；另一種是該區域有礦藏，但其數量和可採條件尚達不到商業上的要求。礦藏開採還可能面臨著政治風險和經濟風險等。因此，為了與其他各方分擔勘探、開發和生產礦產資源的成本和風險，並分享相關的回報，採掘行業企業創造了大量的契約關係。減少風險是這些契約安排的原因之一。也可能是為了提高作業效率，或為了取得稅收好處，或為了籌集資金。由於這些原因，礦業權人之間就簽訂了分擔風險和分享收益的合同，這就是礦業權部分流轉。礦業權流轉包括出售、作價出資、合作、重組改制等。礦業權流轉會計需從轉讓方和受讓方兩方來考慮。本部分闡述受讓方的會計。

3.4.1 礦業權取得方式

礦業權的取得，實際上是獲得了一項可以改善潛在的未來現金流量的期權，該期權會影響未來現金流量。

中國企業取得礦業權從事勘探開採活動有兩種方式，一種方式是國家以出讓的方式獲取，這不是我們要研究的對象，作為產權流轉主要是探討二級市場的轉讓。從中國採掘業上市公司披露的探礦權採礦權數據來看，4家公司沒有披露礦業權的取得方式，在其餘披露取得方式的61家公司中，總結出四種轉讓方式：第一，從其他企業購買取得，這是主要的轉讓方式，一般以市場價作為公允價值入帳，如露天煤業（002128）與中電霍煤集團簽訂《採礦權轉讓協議》，將三號露天礦開採儲量13.76億噸的採礦權完整地轉讓給露天煤業，轉讓價格為市場價格。第二，重組收購、合併收購取得，一般以評估價入帳，有採用折現現金流量法的，也有採用收益法的。第三，投資入股取得。第四，轉租取得，如河北鋼鐵（000709）的子公司河北鋼鐵（澳大利亞）公司於2005年與該合營個體的其他參與方在澳大利亞通過轉租形式購入25年採礦權，原值為33,176,113.99澳元，約合1.33億元人民幣。

3.4.2 礦業權資產的確認

現行會計準則按照採掘活動的各個階段來制定會計準則，如國際會計準則理事會和澳大利亞會計準則委員會只考慮了勘探和評價階段的會計處理。採用階段會計處理模式有一定的困難，因為開展某階段活動時，並不能判斷該項活動是否能為企業主體帶來真正有經濟價值的東西，該項活動可能成功，也可能失敗；發生的成本可能對主體有利，也可能對主體沒有好處。

因此，只有發生的成本在對該主體產生持久的經濟利益時，才能將採掘活動某一特定階段發生的所有成本資本化，才與資產的定義一致。採用階段會計處理模式還有一個困難，即難以精確地界定和劃分每個階段的活動，這是因為在礦產和石油天然氣行業之間甚至在同一個行業內，每個階段的活動會發生變化，階段之間可能重疊，有時幾個階段同時進行，這使明確分配各個階段的成本變得很困難。因此，主張運用資產定義和確認標準來確認財務報表中的礦業權資產。礦產和石油天然氣儲量/資源是否符合資產的定義應考慮它是否滿足如下條件：第一，由過去交易或事項形成；第二，由主體控制；第三，未來經濟利益能夠流入主體。IASB/FASB 聯合概念框架項目仍在研究修訂後的資產和負債定義和確認標準。IASB/FASB 聯合概念框架修訂後的資產定義是指擁有使某一主體獲得經濟資源的可執行權益或擁有使某一主體拒絕（或限制）其他主體獲取該經濟資源的可執行權益（換句話說，即可控制的經濟資源）；具有積極的經濟價值（換句話說，預計有未來的經濟利益）；目前存在的權益和經濟價值。根據聯合概念框架的定義，礦業權資產可包括法定權益資產、與法定權益相聯繫的有關勘探和評價活動信息、從政府或其他機構處獲得的認證批准、儲量/資源資產等。

　　企業主體獲得礦業權將反應主體預計未來經濟利益的流入。同時當礦業權的取得成本或價值能可靠計量時，才確認為一項資產。確認時必須對使用的不同計量基礎分別予以考慮。礦業權初始確認時，歷史成本能夠可靠取得的以歷史成本計量。如果礦業權的取得是公平交易的結果，礦產資源儲量達到經濟可採量的可能性大，礦業權能夠可靠計量，則初始確認的計量基礎是現值（如公允價值）。例如，政府勘探權的拍賣或通過與礦權持有人的談判獲得的權利。在這種情況下，獲得權利的成本應等於現值。隨後的勘探和評價活動對礦床的特徵及其經濟可採儲量有更深入的瞭解。隨著時間的推移，勘探和評價活動將提供更多的信息，從而減少地質和經濟的不確定性。開發和生產階段產生的信息將進一步減少不確定性。新的信息可能增加礦業權的價值，也可能不會增加。例如，勘探結果可能會增加或減少經濟可採儲量的可能性，而基礎儲量/資源更多的信息可能會影響資產的計量，也可能導致資產被終止確認。

3.4.2.1 法定權益資產的確認

允許主體從事採掘活動的法定權益包括：第一，產權。提供與礦產和石油天然氣礦區相關的全部產權。第二，租賃或特許權安排。由礦區所有者（通常是政府）授予主體在租賃或特許的礦區進行勘探、開發、開採礦產和石油天然氣。通常情況下，必須支付礦區使用費，並且礦區使用費以銷售或產量百分比計算。合同開始執行後，可能需要支付定金，也可能不需要，由合同決定。租賃或特許權可能給主體強加一些條件，如要求主體至少在特定的期間內完成指定的活動或在特定的活動上花費特定數額資金。第三，與政府的產品分成合同。主體可以單獨擁有法定權益，或者作為聯合安排的一部分與其他主體共同擁有獲得未來現金流量的權利（而不是將要生產的礦產和石油天然氣）。

勘探特定礦區的法定權益符合資產的定義，法定權益是主體擁有的強制權利，法定權益賦予主體勘探尚未到期的、目前仍然存在的有價值的礦區。如果有必要，可以申請開採礦產和石油天然氣的採礦權，採礦權也是有價值的，可排除其他主體從事採礦活動。法定權益也符合資產的確認標準，當初次取得法定權益時，就能夠將其確認為一項資產。換句話說，主體期望有經濟利益的流入，即使該流入的時間和金額存在著不確定性。因此，單獨取得的無形資產總能滿足確認標準。

3.4.2.2 信息

法定權益並不孤立存在，與之相聯繫的是有關勘探和評價活動的信息。信息是指與一個礦區地質情況有關的知識，尤其是關於該地區礦產和石油天然氣是否存在、礦藏的範圍、特徵以及開採的經濟量。這些信息的產生貫穿一個項目的始末，從勘查或勘探階段開始，整個生產階段繼續產生。當首次取得勘探權時，信息是有限的，存在很大的不確定性。不過購買礦區法定權益就意味著某種信息的有限性，因為礦產資源勘探開採的風險極大。信息資產並不代表一個單獨的資產，它是勘探和開採法定權益資產的組成部分，是對法定權益的鞏固。

為了說明這一點，假設礦區 A 和礦區 B 是毗鄰的兩個礦區，且勘探權已授予礦區 A，後來在礦區 A 發現了一個重大油田。在礦區 A 發現重大油田的信息就可以提供礦區 B 新的信息，即在礦區 B 上發現石油可能性的信息，該信息預期會提高礦區 B 的購買價。而隨後取得礦區 B 勘探權的主體不會把這個信息確認為獨立的資產，信息是勘探權資產的組成部分，不能劃分出來單獨確認。

詳細的勘探和評價活動在取得法定權益之後開始，這些活動可提供更多的關於礦產和石油天然氣礦藏的特徵、經濟可採量和前景的信息，從而減少地質和經濟不確定性。在開發和生產階段產生的信息將進一步減少不確定性。因此，法定權益資產組成部分的信息繼續被修改。新的信息也可能不會增加法定權益資產的價值，如勘探結果可能增加也可能減少經濟開採儲量的可能性。更多的儲量/資源信息可能會影響資產的計量，也可能導致資產被終止確認。

3.4.2.3 附加權利和批准

在很多情況下，即使主體擁有礦區相關的權利（如勘探權和採礦權），該主體可能還不能算合法地擁有。在中國從事勘探和開採礦產石油天然氣需要得到認證批准，這些批准通常需要從政府或其他機構處獲得，其中包括環境和健康安全的工作場所。這些附加的認證批准不能確認為獨立的資產，只能被視為擁有權力的改善和提高，因為認證批准的獲得，可以消除模糊的條件限制，減少了最終從地面開採礦產和石油天然氣的不確定性，並因此增加法定權益的價值。

3.4.2.4　開發和生產階段的資產

開發階段就是要讓各種活動進入礦產和石油天然氣礦藏，並開始生產。開發活動可描述為法定權益的改善。例如，為礦區開鑿豎井，挖掘、修建道路和隧道，移除表土和廢石，從而開始生產；為石油天然氣礦區鑽探井位，進入生產。這些開發活動與法定權益構成一個整體產生現金流量，而不是分別產生未來現金流量。如果法定權益可以出售或以其他方式轉讓給其他主體，也是如此，開發活動將和法定權益一起出售或轉讓。當主體沒有擁有法定權益時，單獨保留開發活動是不可能的。因此，開發活動是對法定權益的改善或增強而不是單獨的資產。

許多礦山的生產可能發生在一個地點，而開發則繼續在這些礦山的其他地點進行，這種情況下的開發成本應作為法定權益資產的一部分予以確認。這些礦山在一定程度上擁有超過當期報告期間的未來經濟利益。

勘探、開發和生產活動具有連續一體性。在這個整體中，勘探和開採礦產石油天然氣的法定權益是保持一致的。取得法定權益之前進行的勘探活動一般不確認為資產。因為沒有與這些活動所產生信息相關的強制權利，這些勘探活動成本在發生時應確認為費用。但是如果勘探階段發生的費用可以按照IAS 38"無形資產"的規定進行處理，則在成本發生時不應當確認為費用。

3.4.2.5 儲量/資源資產

儲量/資源是從事採掘活動主體最重要的資產，對評價主體的財務狀況和經營業績有重要的作用。從廣義上講，礦產和石油天然氣儲量/資源是指最終經濟利益能夠合理預期的位於經濟可採礦區的原位礦產和石油天然氣，可分為探明儲量、概算儲量、可能儲量、推定資源量、或有資源量等。

儲量/資源定義的根本目的是交流關於礦產和石油天然氣數量的信息（礦床中現存的估計數和可開採的估計數）。但是確定採掘活動財務報告中的儲量/資源定義並不簡單，這是因為沒有單一的普遍可接受的能在礦產、石油天然氣都應用的儲量/資源定義。雖然目前對儲量/資源定義有不同觀點，但是現行採用的儲量/資源定義有 CRIRSCO（礦產儲量國際報告標準委員會）體系、SPE（石油工程協會）體系、SEC（美國證券交易委員會 SEC）體系。CRIRSCO 體系和 SPE 體系儲量/資源定義提供了一個全面的礦產和石油天然氣礦藏的分類體系。CRIRSCO 體系要求礦產儲量經濟可採，意思是必須明確在合理的財務假設下，儲量的開採是切實可行的。SPE 體系也詳細考慮了可行性研究的評估問題，規定如果主體斷言的商業性表明了其堅定繼續開發的意圖，那麼發現的可採數量、或有資源量從商業角度看可能被認為是可生產的，因此是儲量。

因此，在礦產資源資產確認中，法定權益（如勘探權和採礦權），構成礦產和石油天然氣資產的基礎，該資產在取得法定權益時確認。隨後進行的勘探和評價活動以及進入礦區的開發活動所獲得的信息都被視為法定權益資產的增加。

3.4.2.6 終止確認

當一項資產不再滿足資產確認標準時，應當終止確認。IAS 16 和 IAS 38 規定了資產終止確認的情形：第一，出售時（處置）；第二，使用時預計沒有未來經濟利益。當勘探活動不成功時，或法定權益到期或報廢時，法定權益就不再確認為資產。當勘探沒有成功而終止時，預計沒有未來的經濟利益，法定權益也就沒有合理的前景。在某些特定情況下，可能沒有未來經濟利益，但又沒有足夠的條件來終止資產的確認，如法定權益可能延長很多年，商品價格上漲沒有超過預期。在這種情況下，如果計量基礎是歷史成本，資產可能需要進行減值測試或註銷；如果計量基礎是現值，該值將反應未來經濟利益的預期。

3.4.3 礦業權資產的計量

在初始確認時，如果以歷史成本計量該資產，則礦業權能可靠計量。IAS 38 第 26 段規定：一項單獨取得的無形資產的成本通常能可靠計量。IAS 38 所表達的觀點適用於勘探權和採礦權。如果礦業權的取得是公平交易的結果，則礦業權能夠可靠計量，以現值（如公允價值）計量該資產。通過拍賣等方式取得礦業權的成本應等於現值。是否採用公允價值計量礦業權取決於該資產能否以公允價值可靠地計量。取得礦業權需支付對價給轉讓方，這個對價即為礦業權資產的公允價值。如果沒有支付對價，則應根據估計的礦產資源儲量和礦產資源的市場價，計算得出可能給企業帶來的未來現金流量，選擇合適的貼現率計算未來現金流量的現值，作為礦業權的入帳價值，計入"無形資產"帳戶。

在後續持有期間，主體需要對礦業權開展詳細的勘探和評價活動，這些活動可能提供更多的關於礦產資源的儲量信息，會使礦業權資產的價值增加或減少，這時應根據不斷變化的信息調整礦業權的帳面價值，即採用公允價值計量礦業權的價值。採用公允價值計量礦業權的主要問題就是重新計量的頻率。IFRS 要求在每個報告期末或臨時期間以公允價值重新計量非金融資產。礦產資源資產的公允價值在獲得更多的勘探開採信息後不斷發生變化，此時礦產資源資產在每個報告期末如果不以公允價值重新計量，該資產的帳面餘額很可能與公允價值產生重大差異，不能可靠反應主體的財務狀況。因此，我們認為，勘探項目和礦產資源資產在初始確認後，必須按公允價值在每個報告期末重新計量，包括臨時期間。

3.5　礦業權流轉——轉讓方會計

　　美國財務會計準則委員會對油氣資產轉讓做出了詳細的規定，其於1977年發布的SFAS No.19在第42~47條中，規定了相應的會計核算處理方法，這也是在世界各國油氣會計規範中對礦權轉讓最為細緻的會計政策。隨著中國礦業權市場的不斷推進，國家相繼出抬了礦業權轉讓的會計處理規定。這些規定對規範礦業權會計起到了重要的指導作用。中國會計學界對礦產資源產權流轉會計研究很少，但對礦產資源初始出讓會計有所研究，不過起步較晚，也僅限於對石油天然氣的研究。龔光明研究了油氣資產的轉讓收益，認為油氣資產的轉讓實際上是經營權益的轉讓以及與經營權益相關的分配權益的轉讓。油氣資產轉讓分為12類，如圖3.2所示。

　　從圖3.2可看出，龔光明教授主要是從油氣資產的轉讓方角度來研究的。轉讓方主要考慮轉讓收益是否確認為損益以及確認方法如何的問題。油氣資產的轉讓分為探明油氣資產轉讓和未探明油氣資產轉讓，探明油氣資產轉讓相對來說，不確定性程度較低，未探明儲量的礦業權轉讓的不確定性程度更高。結合龔光明教授對油氣資產轉讓的分類，本書將礦業權轉讓分為出售、作價出資、租賃、抵押等方式。

```
                          油氣資產轉讓
        ┌─────────────────────┴─────────────────────┐
   探明油氣資產轉讓                              未探明油氣資產轉讓
      轉讓範圍                                       轉讓範圍
   ┌─────┴─────┐                                ┌─────┴─────┐
  整體轉讓    部分轉讓                          整體轉讓    部分轉讓
```

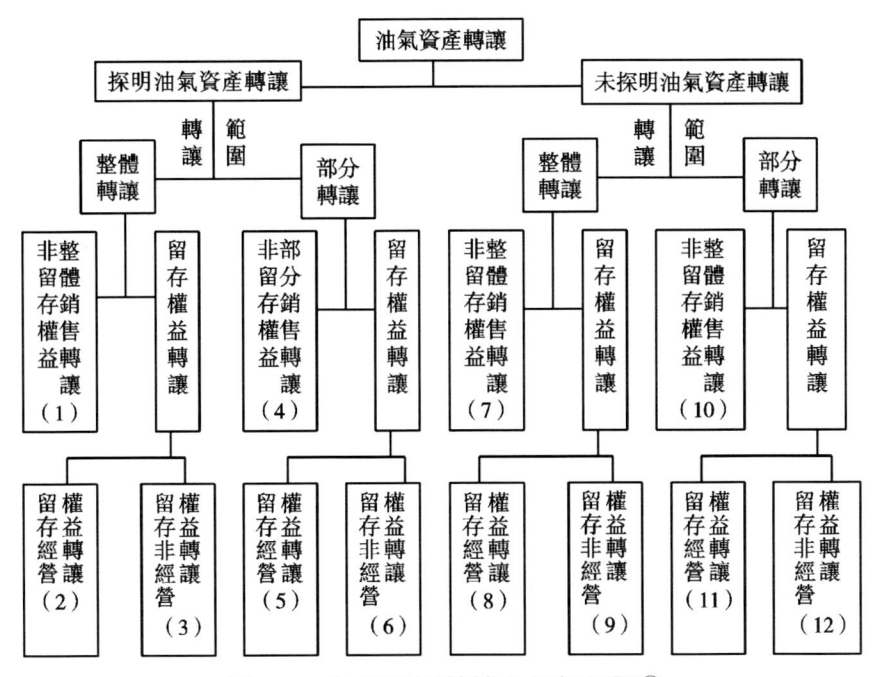

圖 3.2　油氣資產轉讓分類框架圖[①]

（框架下依序為：非留存體銷權益轉讓(1)、留存權益轉讓、非留分存銷權益轉讓(4)、留存權益轉讓、非留存體銷權益轉讓(7)、留存權益轉讓、非留整存體銷權益轉讓(10)、留存權益轉讓；以及 留權存益經轉讓營(2)、留權存益非轉讓經營(3)、留權存益經轉讓營(5)、留權存益非轉讓經營(6)、留權存益經轉讓營(8)、留權存益非轉讓經營(9)、留權存益經轉讓營(11)、留權存益非轉讓經營(12)）

3.5.1　礦業權出售的處理

礦業權出售是探礦權、採礦權持有人依法將持有的礦業權轉讓給他人的行為。出售時必須滿足幾個條件：已按規定繳納了礦業權使用費和價款；取得勘查許可證和採礦許可證；完成最低勘查投入；投入採礦生產必須滿 1 年。礦業權出售時，買賣雙方應承擔相應的義務和責任。

對於已探明儲量和未探明儲量的礦業權整體出售，表明礦業權轉讓人沒有保留與礦業權相關的經營權和非經營權，此時與礦業權相關的風險和報酬已經全部轉移，出售方收取全部價

---

① 龔光明. 油氣資產轉讓收益決定研究 [J]. 江漢石油學院學報：社科版，2002，4（2）.

款，並及時辦理了過戶手續，在過戶手續完成後，一次性確認收入。轉讓收入與持有的礦業權成本之間的差額作為轉讓收益。如果是轉讓人不保留權益的部分出售，則與該部分礦業權相關的資產和風險也已轉移，可確認該部分出售的收入，此時轉讓收益=（轉讓收入）－（未攤銷的整體資產的資本化成本）×（轉讓部分礦業權資產的公允價值）／（整體礦業權資產的公允價值）。

從中國上市公司披露的105家礦業權數據來看，只有辰州礦業（002155）披露了出售的情況。該公司擁有和控制礦業權數量較多，截至2011年年底，擁有探礦權和採礦權41個。當探礦權勘探完畢，就可以出售，所以該公司出售了新邵坪上探礦權。

3.5.2　礦業權作價出資的處理

礦業類公司通常將取得的礦業權評估作價，以股份形式投入其他公司，取得相應股份，參與公司的紅利分配。中國法律對礦業權作價出資入股並沒有具體的規定，只是在《礦業權出讓轉讓管理暫行規定》中提到出資入股的形式。《中華人民共和國公司法》在出資條款中，雖然沒有明確使用"探礦權""採礦權"這樣的字眼，但規定股東可以採用多種出資方式，如貨幣資金、實物資產、無形資產等非貨幣性資產。礦業權是用益物權，具有可流轉性，可以採用作價出資入股的流轉方式。

礦業權作價出資應首先評估公允價值，然後雙方辦理過戶手續，計入"長期股權投資"帳戶，減少"無形資產——礦業權"的帳面價值，二者之間的差額確認為當期損益。如果是以礦業權整體入股，轉讓收益的確認與上述整體出售一樣處理。如果是礦業權部分作價入股，與上述部分出售一樣處理。例如，金瑞礦業（600714）2011年擬以魚卡煤炭資源探礦權出資，與其他7家單位共同設立青海省能源發展（集團）有限責任公司，占股比例為21%。

3.5.3 礦業權租賃的處理

礦業權租賃包括已探明儲量的租賃和未探明儲量的租賃。租賃其實是保留了非經營權益轉讓經營權益的經濟業務，從而取得現金。在租賃期間，主體轉移了部分經營權益的風險和報酬，可以將獲取的現金確認為其他業務收入。例如，平煤股份（601666）的採礦權價款系採用"上交資源租金"的方式支付。

3.5.4 礦業權抵押的處理

礦業權抵押是債務人將其持有的礦業權向債權人提供擔保的行為，有一定的時間限制，在抵押期內，礦業權的產權不發生轉移。以礦業權設定抵押實質是保留經營風險，轉讓非經營風險的行為，沒有轉移相關的風險和報酬，不確認收入和損益，但必須在附註中說明抵押事項。15家上市公司披露了用礦業權作抵押的情況，如表3.3所示。

表3.3　　　　礦業權抵押情況

序號	股票代碼	股票名稱	轉讓方式
1	600117	西寧特鋼	抵押
2	600157	永泰能源	抵押
3	600188	兗州煤業	抵押
4	600193	創興資源	抵押
5	600331	宏達股份	抵押
6	600489	中金黃金	抵押
7	600546	山煤國際	抵押
8	600714	金瑞礦業	抵押

表3.3(續)

序號	股票代碼	股票名稱	轉讓方式
9	600726	華電能源	抵押
10	000426	興業礦業	抵押
11	000807	雲鋁股份	抵押
12	000839	中信國安	抵押
13	000939	凱迪電力	抵押
14	000983	西山煤電	抵押
15	002378	章源鎢業	擔保

具體披露時，有的詳細說明了礦業權的帳面價值和評估價值以及借款的金額。例如，凱迪電力（000939）以其擁有的採礦權證為抵押向中國工商銀行鄭州市花園路支行借款24,000萬元，採礦權證年末帳面價值為56,052.93萬元。又如，西山煤電（000983）的西山義城煤業以其所持採礦權（採礦權評估價值為24,994.50萬元）向本公司提供最高額度14,917.50萬元的抵押擔保。

3.5.5 未探明儲量礦業權資產轉讓收益的確認

未探明油氣資產不保留權益的整體轉讓，是未探明油氣資產的整體銷售，與該油氣資產相關的風險與收益已全部轉移，收益＝（轉讓收入）－（該油氣資產的資本化成本）。如果繼續保留經營權益或非經營權益，不論是整體轉讓還是部分轉讓，則風險和報酬並未轉移，不確認轉讓收益。未探明儲量的礦業權如果不保留權益的部分轉讓不確認利益，可確認損失，因為未轉讓部分資產的成本補償存在較大的不確定性，損失＝（整體資產的資本化成本）×（轉讓資產的地理面積）/（整體資產的地理面積)-(轉讓收入)。

綜上所述,礦業權流轉公允價值模式如圖3.3所示。

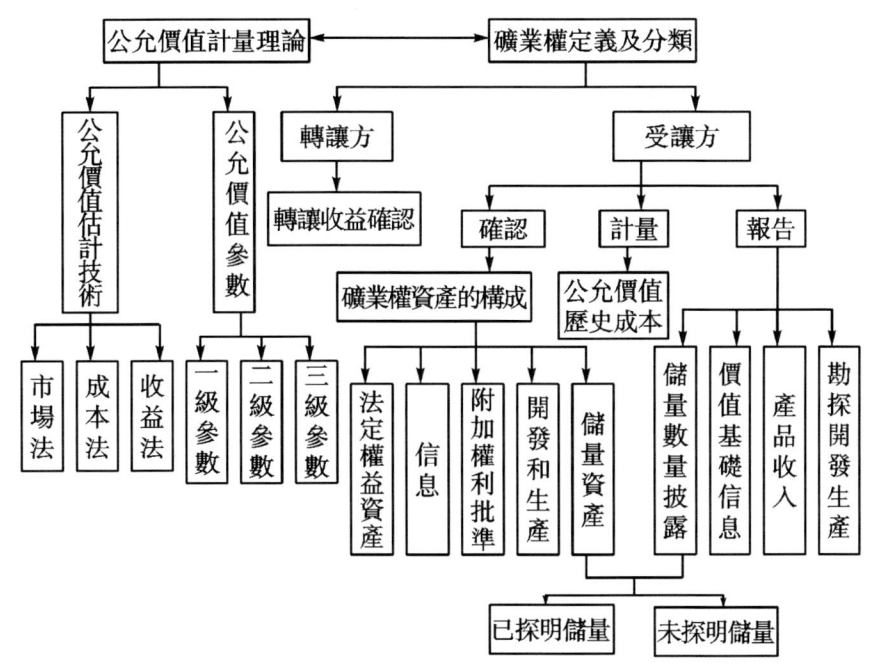

圖 3.3　礦業權流轉公允價值模式

3.6　本章小結

本章基於高度不確定性的產權流轉,研究礦業權流轉過程的會計問題,研究了如下內容:

首先,分析中國特殊的礦業權制度。中國法律明確規定,礦產資源所有權歸屬國家,因此國家是礦產資源的唯一所有權主體,其他社會組織和法人、自然人只能擁有礦業權的使用權和部分收益權,即在一定的區域和期限內,進行礦產資源勘查和開採的權利,包括探礦權和採礦權。礦業權的流轉包括出售、作價出資、租賃、抵押等方式。

其次，闡述礦業權的價值構成，構建礦業權的價值評估體系。產權流轉其實是價值的流轉，礦業權也只有在流轉過程中才會不斷增值。根據價值理論和效用理論，探礦權的價值由探礦權有償取得成本、地勘投入、環境補償費以及探礦權轉讓收益及稅費構成。採礦權的價值則由內在價值和外在價值構成。採礦權的內在價值是大自然的恩賜，是未來收益的現值，決定於所獲得的礦產資源儲量的質和量及其經濟效用。採礦權的外在價值由探礦權價值、國家所有者權能價值和政府管理權能價值構成。

探礦權和採礦權的評估方法不盡相同。探礦權的評估方法有貼現現金流量法、地勘加和法、重置成本法、地質要素評序法和粗估法。採礦權評估通常採用貼現現金流量法、市場比較法和收益法等。本章採用 Black-Scholes 期權定價模型對礦業權進行評估。

本章的重點是研究礦業權流轉的會計確認、計量問題。美國、澳大利亞等國以及 IASB 都制定了相對較完善的礦產資源會計準則。本章在比較各國礦產資源會計準則及計量方法的基礎上，探討公允價值在礦業權流轉過程中的運用，並從受讓方和轉讓方兩個角度分析礦業權的會計處理。

4 中度不確定性產權流轉計量：以土地使用權為例

土地是承載萬物的基礎。西方經濟學家威廉·配第也說過"勞動是財富之父，土地是財富之母"，可見土地對人類生存發展非常重要。誰擁有了土地產權，誰就擁有了生存的基本保障，也就擁有了相應的社會地位。因此，歷史上許多戰爭都是為了爭奪土地而發動的。一個國家對土地利用的廣度、深度及合理與否，是這個國家農業生產規模、國民經濟建設乃至整體科學技術水平的反應和標誌。

從1987年深圳出讓第一宗土地以來，中國土地市場已經運行20多年，通過市場機制來調節土地資源，提高了土地資源的利用效率，顯性化了土地資產的價值。大部分國家的土地所有權歸屬國家，企業法人和個人只能與國家簽訂土地使用權契約，只能擁有土地的部分產權，土地產權流轉受到限制，因此土地產權流轉不同於普通商品的買賣。在市場經濟高速發展的今天，尤其是房地產市場的迅猛發展，土地產權的出售、轉換、置換、抵押、投資入股等經濟活動日益頻繁。為促進土地使用權的順暢流轉，企業法人和個人就需要獲得相關的土地流轉信息，包括土地的位置、面積大小、價值等，這些信息的獲得可從會計主體的財務報告中獲得，因此需要運用會計工具予以計量與披露。目前，人們從會計學角度對土地流轉所做的研究比較少，中國於 2006 年發布的《企業會計準則》對土地的規定也很分散，不成系統。美國財務會計準則委員會和國際會計準則理事會雖對土地的計量和披露有規定，但都是基於土地私有制做出的規定，這些規定不能完全用於中國。因此，本章擬從產權視角，運用不確定性會計理論探討土地使用權流轉的會計確認、計量問題，以促進中國土地流轉市場的完善，為國家制定土地流轉政策提供理論參考。

4.1　土地產權流轉的內涵

4.1.1　土地產權及土地產權制度

土地產權是權利人對土地資源擁有的排他性完整權利，是土地財產權利的總和，反應產權人的經濟利益關係。土地產權制度建設是土地流轉的法律保障。土地產權制度分為土地所有制和土地使用制，土地所有制是土地產權制度的基礎，其法律形式表現為土地所有權。土地所有權包括所有、佔有、支配和使用等權利。美國、英國和澳大利亞等發達國家是土地制度發展比較完善的國家。美國的土地 58% 歸私人所有，34% 歸聯邦政府所有，6% 歸州政府所有，其他為印第安人保留地。澳大利亞的土地所有權不僅包括地表土地，還包括土地上空和土地地下部分，但不包括埋藏於地下的水和礦產資源等。澳大利亞的土地制度分為州有租賃土地、保留地和私有土地三大類。日本是土地私有制國家，63% 的土地為私有土地，37% 的土地為國有土地。新加坡的土地中 53.72% 是國有地，27.1% 是公有地。中國具有特殊的產權制度，土地產權實行社會主義公有制，一部分歸國家所有，如城市市區土地；另一部分歸農民集體所有，土地所有權公有制不可侵犯。在保證國家和農民集體對土地的基本權益的前提下，從土地所有權中分離給土地使用者一組合理的權利，實行兩權分離的原則。中國土地產權結構如圖4.1所示。

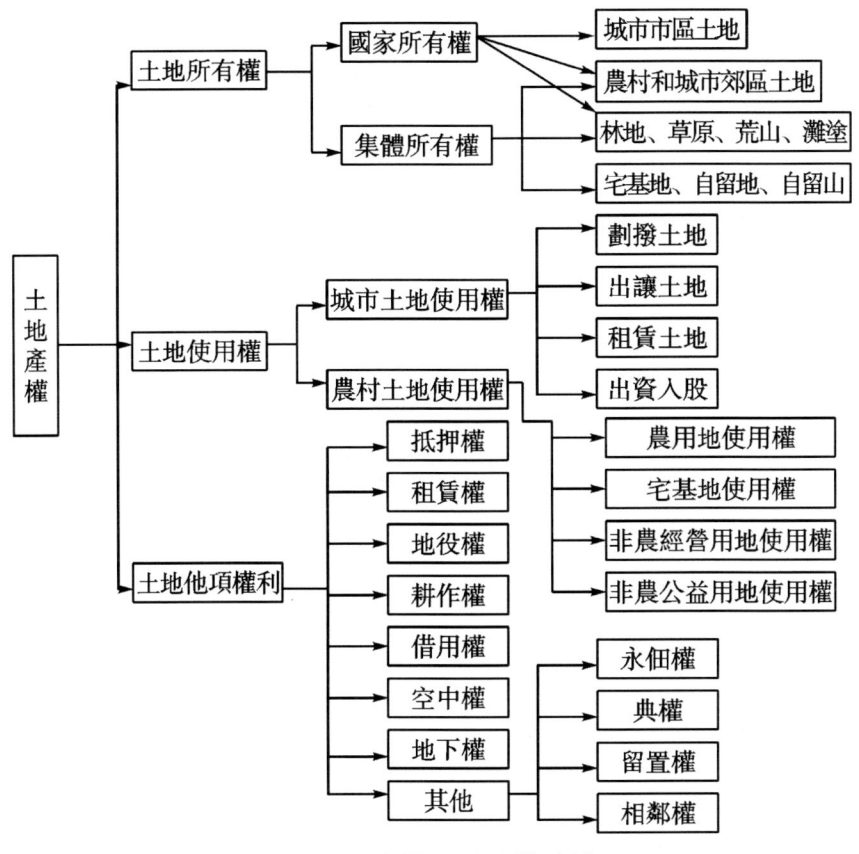

圖4.1 中國土地產權結構

4.1.1.1 土地所有權

土地所有權是一種絕對性的支配權利，屬於自物權，包括佔有、使用、收益、處分和排除他人干涉，並在受到侵害時請求返還和去除妨害的各項權能。中國土地所有權分為兩大類，一類是國家所有，另一類是農民集體所有。國家所有又稱全民所有，由國家代為行使對國有土地的佔有、使用、收益和處分的權利。城市市區土地歸國家所有，依法沒收、徵用的農村土地和城市郊區土地也歸國家所有。在全民所有制下，土地所有權主體地位實際是虛化的，引發了很多的土地問題。集體土地所有權是以農民集體為所有權人，依法對集體土地享有佔有、使用、收益和處分權能，其權利行使受法律限制。農村和城市郊區的土地除依法徵用外，農民的宅基地、自留山等歸集體所有。

4.1.1.2 土地使用權

土地使用權是土地所有權人將其所有的土地以行政劃撥、出讓等方式讓與使用人，土地使用人依法對其享有佔有、使用、收益和有限處分的權利，是他物權中的一種用益物權，具有可轉讓性，但其轉讓必須經過行政審批。由於中國土地所有權分為兩大類，相應地，從土地所有權中分離出來的土地使用權也分為兩大類，即國有土地使用權和集體土地使用權。國有土地使用權的取得方式有劃撥、出讓、出租、入股等，有償取得的國有土地使用權可依法流轉，包括出售、出租和向銀行抵押擔保等。如果是通過國家行政劃撥方式取得的土地使用權，則要補繳土地出讓金、補辦出讓手續，方可流轉。例如，中國的經濟適用房就是使用劃撥的土地，經濟適用房要想上市交易，必須補交土地價款。集體土地使用權是指農村集體經濟組織及其成員使用集體土地的權利，包括農用地使用權、非農經營用地使用權和宅基地使用權。

4.1.1.3 土地他項權利

土地他項權利是在土地所有權和使用權以外，依照法律、合同或其他合法方式設定的土地權利，包括抵押權、耕作權、空間權等。抵押權是指土地權利人可將有償取得的土地使用權用作債務的擔保，以土地使用權設定抵押，必須經土地登記機關確認。租賃權是權利人依法將有償取得的土地出租並收取租金的權利。地役權是指鄰里之間需在他人擁有的土地上進行通行、排水的權利。中國土地法律法規並沒有明確規定地役權，但在實踐中是普遍存在的。耕作權是指在已明確使用權的土地上種植樹木和農作物的權利等，依附於土地使用權。借用權是土地出借方將其暫時或長期不用的土地無償提供給借用方使用，借用方通過借用土地權利人的土地而具有借用權，這是中國特殊歷史條件下產生的一種他項權利形式。空中權和地下權統稱為空間權，是依法律規定對土地的空中或者地下一定範圍內享有的佔有、使用和收益的權利，可以獨立轉讓、抵押和出租。除此之外，土地他項權利還有永佃權、典權、留置權以及相鄰權等。

4.1.2 土地資產及其特性

土地作為一種重要的生產要素，是企事業單位等經濟組織的重要資產，在資產總額中佔有很高的比例。在計劃經濟時代，中國土地主要是實行行政劃撥的方式，土地沒有實現價值最大化。隨著土地交易市場的建立，土地產權流轉越來越頻繁，土地使用權只有不斷地流轉，才會實現土地資產價值最大化。

土地資產具有自然特性和經濟特性。自然特性包括土地面積的有限性，要申請土地產權，只能在有限的範圍內申請。土地空間位置具有固定性，土地資產是不動產，不像其他物品那樣可以搬走移動，土地具有不可替代性，不同地理位置的土地因周圍環境的不同，是不可替代的。產權特性由於土地的法律規定，土地資產表現為一定的經濟組織所擁有的財產權利，具有明確的產權歸屬。不同的土地產權結構將影響著土地資產的利用效率和收益分配。經濟特性包括土地具有壟斷性，土地使用價值和價值會隨著經濟的發展，而不斷升值。千百年來，人們不斷開發利用土地，在土地上投入大量的人力、物力和財力，不斷增加土地資產的價值。

4.1.3 土地產權流轉

土地產權流轉是建立在土地制度基礎上的。世界各國各地區都對土地產權做出嚴格的制度安排。目前，全球已形成土地共有（集體所有）、公有（國家所有）與私有三種格局，土地管理的社會化趨向於土地經濟關係的公共控制。在這種公共產權制度下，任何個人和單位都不得進行土地所有權買賣，但允許土地使用權在公開的交易平臺流動與轉讓，即土地產權流轉。

在市場經濟高度發達的西方國家，實行土地私有制，土地被看作一項商品，允許自由交易。在中國特殊的公有制產權下，土地流轉只能是使用權的流轉。尼爾森（Nelson Chan，1999）提出，要根本解決中國的土地產權問題，市場是最好的途徑，只有不斷完善土地市場，才能使土地流轉順暢。中國採用出讓和轉讓兩種土地流轉方式。國家作為土地所有者出讓土地的使用權給公民個人或法人組織，公民個人或法人組織則必須為在一定期限內使用該部分土地付出一定的代價，即支付出讓金，這種行為是土地使用權的初次流轉。在土地出讓中，國家是出讓方，公民個人或法人組織是受讓方。出讓方式包括行政劃撥、招標或者拍賣。土地出讓在具有壟斷性質的一級市場進行。城市土地使用權轉讓是指已經從國家取得了城市土地使用權的單位和個人，在一定條件下將土地使用權再次轉移的行為，包括全部或部分轉讓、租賃、抵押、互換、入股、贈與或繼承給其他公民、法人或組織，是平等主體之間的流轉，在公平競爭的二級市場進行。本書所指的土地產權流轉，是指二級市場的土地流轉。

4.1.3.1 劃撥

目前，中國土地出讓採用行政劃撥與招標、拍賣、掛牌

(以下簡稱招拍掛)並行的"雙軌制"。劃撥土地無須支付土地出讓金，企業法人組織和公民個人取得劃撥土地須經縣級以上人民政府依法批准。表4.1為2006—2010年中國土地劃撥情況。①

表4.1　　2006—2010年中國土地劃撥情況表　　單位：公頃

年份	總供地面積	出讓土地面積	劃撥用地面積	租賃面積	其他	劃撥用地占總供地面積的比重（%）
2006	325,100	232,500	54,161	2,420	1,631	16.66
2007	259,200	226,500	75,171	2,388	1,122	29.00
2008	221,800	165,859	62,381	4,344	1,229	28.12
2009	318,800	209,000	109,700	380	100	34.41
2010	428,000	291,000	136,100	551	24	31.80

4.1.3.2　出讓

中國土地出讓起源於深圳。1987年，深圳借鑑香港的土地使用權出讓制度，在內地率先實行土地使用權的有償出讓制度。根據國土資源部統計，2011年，土地出讓總面積為33.39萬公頃，出讓總價款為3.15萬億元。其中，招拍掛出讓面積為30.47萬公頃，招拍掛價款為3.02萬億元，招拍掛出讓占出讓總面積的91.3%；抵押面積為30.08萬公頃，抵押貸款為4.80萬億元。表4.2為2004—2011年中國土地使用權出讓基本情況。②

---

① 數據來源於2006—2010年國土資源公報。
② 數據來源於2006—2010年國土資源公報。

表 4.2　2004—2011 年中國土地使用權出讓基本情況表

年份	出讓總面積（萬公頃）	出讓總價款（億元）	招拍掛面積（萬公頃）	招拍掛價款（億元）	招拍掛面積所占比例（%）	招拍掛價款所占比例（%）
2004	17.87	5,894.14	5.21	3,253.68	29.2	55.2
2005	16.32	5,505.15	5.72	3,920.09	35.06	71.21
2006	23.25	7,676.89	6.65	5,492.09	28.6	30.9
2007	22.65	10,000	11.53	9,551	50.9	95.5
2008	16.31	9,600	13.36	—	81.9	—
2009	20.9	15,900	17.8	15,098.5	86.2	94.9
2010	29.15	27,100	25.73	26,000	88.3	96.0
2011	33.39	31,500	30.47	30,200	91.3	95.9

4.1.3.3　作價入股

根據《中華人民共和國公司法》的規定，土地使用權人可以將土地作價出資投入到其他企業中，雙方一般以評估價或協議價入帳。如果國家以土地使用權投入企業，則作為國家股份享有投資收益。作價入股的土地使用權一般規定一定的使用年限。該部分土地使用權依法可以轉讓、出租和抵押。

4.1.3.4　授權經營

土地使用權授權經營是一種特定形式的經營管理。由國家將土地使用權作價後授權給指定的特殊企業經營管理，這些特殊企業包括國家控股公司、國有獨資公司、國務院批准的企業集團。土地授權經營的實質不是一種土地流轉，而是一種土地管理方式。

4.1.3.5　轉讓

土地轉讓是企業法人組織和公民個人取得土地使用權後，

再將土地使用權轉移的行為。有時土地使用權單獨轉移，有時土地使用權連同地上附著物一起轉移。從國泰安數據庫查閱土地轉讓數據，1992—2011 年全國房地產企業土地轉讓收入達 53,284,084 萬元，如表 4.3 所示。[①]

表 4.3　　　　1992—2011 年房地產開發企業
　　　　土地使用權轉讓基本情況表　　單位：萬元

年份	土地轉讓收入
1992	427,420
1993	839,281
1994	959,357
1995	1,943,981
1996	1,203,378
1997	1,032,847
1998	1,322,454
1999	1,032,492
2000	1,296,054
2001	1,889,894
2002	2,251,311
2003	2,797,200
2004	4,100,917
2005	3,414,314
2006	3,006,480
2007	4,279,204

---

① 數據來源於國泰安數據庫。

表4.3(續)

年份	土地轉讓收入
2008	4,668,480
2009	4,980,475
2010	5,191,917
2011	6,646,628
合計	53,284,084

4.1.3.6　出租

土地使用權出租是指出租人在一定期限內將土地使用權隨同地上附著物租賃給承租人使用，由承租人向出租人支付規定數額租金的行為。據國土資源部統計，1993—2000年，全國共出租土地1,397,319宗，面積147,861公頃。

4.1.4　中國土地產權制度的演進過程

新中國成立60餘年來，中國城市土地使用制度發生了巨大變化。由1949—1982年的行政劃撥階段發展到今天的土地流轉階段。

4.1.4.1　無償使用的行政劃撥土地階段

1949—1978年，中國一直實行計劃經濟體制，這一時期中國土地使用制度採取無償行政劃撥手段，由國家統一計劃分配。土地使用權劃撥是一種無償使用土地的利用方式。1978年改革開放之後，中國城市土地制度由無償使用改為有償使用，由市場運作來配置土地資源。1979年，中國出抬的《中華人民共和國中外合資經營企業法》規定中國合營者可以將土地使用權作為投資入股，開啓了土地有償使用的先河。

4.1.4.2　有償使用的"雙軌制"階段

1982年頒布《中華人民共和國憲法》規定了中國的土地全

民所有制，即國家和集體所有的制度。這一年，深圳特區開始按城市土地級別收取土地使用費。1983 年以後，市場經濟逐漸滲透到中國經濟的各個方面，城市土地產權制度改革試點逐步推廣。1986 年出抬的《中華人民共和國土地管理法》(1988 年修正、1998 年修訂、2004 年修正) 對中國土地所有權和使用權制定了專門的規定，使中國土地管理有了基本的法律規範。1987 年 12 月，深圳邁出了城市土地管理制度改革的第一步，土地使用權的首次出讓活動在深圳舉行。1988 年 4 月施行的《中華人民共和國憲法修正案》和 1988 年 12 月修正施行的《中華人民共和國土地管理法》從根本法層次上確立了中國土地有償使用制度，明確了土地使用權可依法轉讓。至此，中國初步創立了以市場手段配置的土地有償使用制度。雖然 1994 年出抬的《中華人民共和國城市房地產管理法》再次強調國有土地實行有償、有限期的使用制度，但中國仍然保留行政劃撥土地的方式，實行有償使用和無償劃撥的"雙軌制"。1996 年，中國在上海成立了第一家土地儲備機構，土地儲備機構的試點運行得到各級政府和土地管理部門的認可，隨後在全國各地鋪開。據不完全統計，目前全國已有 3,000 多個土地儲備機構。土地儲備制度增強了土地市場的規範運作，盤活了城市存量土地，有效防止了土地資產的大量流失，提高了土地利用率。

4.1.4.3 城市土地產權流轉階段

城市土地流轉制度始於 1987 年，國務院提出企業法人組織和公民個人通過協議、招標和拍賣方式出讓取得土地使用權後，可以轉讓、出租、抵押，即進行土地的二次流轉。1992 年，中國明確指出經濟體制改革的目標是建立社會主義市場經濟體制，運用市場配置土地資源的範圍不斷擴大。為了合理定價土地資源，當年開始了土地估價的試點工作。1994 年，《中華人民共和國城市房地產管理法》的頒布，基本確立了中國兩權分離的城市土地產權制度，推動了土地使用權出讓市場和轉讓市場的發展，使土地產權正式進入市場流轉。隨後，中國又發布修訂後的《中華人民共和國土地管理法》和《中華人民共和國土地管理法實施條例》，初步形成了土地使用制度的法律體系，土地產權市場不斷完善，土地市場流轉範圍不斷擴大。2001年，全國有30個省（區、市）開展了土地招標拍賣出讓工作，累計開展的市（縣）數達1,435個，招標拍賣出讓土地23,847宗，面積達6,609公頃，價款492億元（不含協議出讓收益），分別比2000年增長52%、138%和42%。2002年，市場配置土地資源實現新的突破，《招標拍賣掛牌出讓國有土地使用權規定》和《國土資源部監察部關於嚴格實行經營性土地使用權招標拍賣出讓的通知》正式發布，規定所有的經營性用地必須採取招拍掛的方式進行。2003年，土地出讓的招拍掛制度取得了重大進展，當年以招拍掛方式出讓的土地占33%，招拍掛出讓制度進一步得到了鞏固。2004年，《國務院關於深化改革嚴格土地管理的決定》（國發［2004］28號）要求省、市人民政府制定並公布協議出讓土地最低價標準，推進工業用地資源的市場化配置。2006年，《關於加強土地調控有關問題的通知》進一步明確土地管理，規範土地出讓收支管理，建立工業用地出讓最低價標準統一公布制度。2007年，《中華人民共和國物權法》明確規定了土地招拍掛的範圍，從法律層面推進了土地市場化的進程。

4.2 土地使用權的價值構成及評估

　　土地產權流轉的實質是土地價值的流轉，土地的價值來源於地租，馬克思提出了著名的地租理論。未開墾的原始土地是自然界存在的天然東西，沒有經過人類勞動的天然土地不是勞動生產物，因而土地本身不會有價值，也就不存在以土地價值為基礎的土地價格。但是在土地私有權存在的條件下，並且在商品關係普遍存在的情況下，凡是被私人所佔有的有用的東西都可以當作商品來買賣。土地的價格取決於土地獲取的收益和土地的供求狀況。土地上的收益是指土地能給所有者帶來的地租。土地的供求關係是決定土地價格的重要因素。土地產權作為一種可流轉的權利，具有與其他商品一樣的供求關係。當土地供給增加時，需求不變或減少，則土地價格下降；反之，則土地價格上升。

4.2.1 土地價值的構成

西方的地租理論是分析和研究土地價格的基礎。威廉·配第是最早提出地租理論的經濟學家，他認為勞動和土地都是創造商品價值的源泉。威廉·配第將地租看成土地的剩餘，假設一個人可以自己耕種一塊土地用來生產穀物，除去用於來年耕種該地所需要的種子，剩餘的穀物就是這塊土地這一年正常的、真實的地租。[①] 威廉·配第力求解釋級差地租的初步原理，認為級差地租是因為土地肥力不同和離人口中心地區的遠近不同造成的。威廉·配第揭示了地價的本質，即土地的價值是一定年數的地租總額，或者是地租的資本化。亞當·斯密闡述了地租和地價理論，從根本上揭示了資本主義地租存在的原因，他認為地租是為使用土地而支付的代價，是一種剩餘[②]。同時，亞當·斯密也分析了級差地租產生的原理，認為土地的等級、位置會影響地租。讓·巴蒂斯特·薩伊（1997）從效用價值入手，

---

① 斯坦利·L.布魯. 經濟思想史［M］. 焦國華，韓紅，譯. 北京：機械工業出版社，2003：23.
② 斯坦利·L.布魯. 經濟思想史［M］. 焦國華，韓紅，譯. 北京：機械工業出版社，2003：61.

提出土地價值的大小在於土地為人類提供的效用高低，並提出"生產三要素"論，認為地租是對土地服務的補償或收入。正式提出邊際效用論的是弗·馮·維塞爾，他認為價值來源於效用，對土地而言，因其稀缺性和效用性而具有價值。大衛·李嘉圖發展了威廉·配第和亞當·斯密的價值學說，進一步闡述了級差地租理論，即稀少性、土地的肥沃程度和位置的差別是影響級差地租的主要源泉。

馬克思將勞動價值理論運用到地租理論中，認為土地本身是天然存在的，沒有經過人類的勞動，因而沒有價值。但土地是可以使用的，使用時會帶來收益，因而具有使用價值，這就是地租。馬克思的地租理論是進行基準地價評估的理論基礎，將地租資本化就是土地價格。馬克思把地租區分為絕對地租和級差地租。絕對地租是在最貧瘠、環境最惡劣的土地上種植作物所獲得的收入。土地使用者租種肥沃的土地比租種貧瘠的土地需要支付更多的地租，這就是級差地租。級差地租又分為級差地租Ⅰ和級差地租Ⅱ兩類。級差地租Ⅰ形成必須有兩個條件，即土地肥力不同和位置不同。級差地租Ⅱ是在同一塊優等土地上，追加更多的投資，只要追加的投資形成的勞動生產率比劣等土地高，則追加投資所生產的農產品的個別生產價格就會產生超額利潤，這就是級差地租Ⅱ。

價值是人類生產和生活的最終目標，是經濟活動的基本方面。雖然勞動價值論觀點已成為經典，但把勞動價值論觀點完全用於土地，則存在不當和弊端。但價值是土地價格的基礎，土地流轉時，其流轉價格中已包含非勞動部分。如果土地評估不考慮土地的價值，則回到了資源無價狀態。土地在長年累月的開墾過程中，其實也投入了大量的勞動，開墾的越多，投入的越多，土地質量也就越高，其價值也就越高。土地能生產出產品滿足人類的需要，包括精神上的滿足和物質上的滿足，這種滿足就是效用性，土地的效用性意味著土地有使用價值，人類的一切生產過程都表現為價值創造過程。創造出來的價值正是人類生存所需要的。這個價值既包括勞動價值，也包括勞動對象和勞動資料固有的價值。土地價值是客觀存在的，是人類一切活動的根本。

因此，土地產權的價值由使用價值和存在價值構成。土地產權的效用往往是通過使用價值的獲取或實現的，即土地產權的直接使用價值，它是土地市場價值的最主要部分。土地產權還具有間接使用價值，如土地上可以生長生物，生物可以保護生態環境，從而可以使土地產權價值提高。土地的存在價值是指人們對土地資源的"存在而願意支付的貨幣數額"，即人們為了土地資源的存在與延續，願意投入資金加以保護，這一部分存在價值也是土地產權總價值的一部分。

4.2.2 土地價值評估

4.2.2.1 市場比較法

市場比較法就是參考同一時期內，市場中類似土地交易價格來評估土地價格的方法。評估時，要考慮影響擬評估土地的各項因素，包括地理位置、條件、人流量等。市場比較法的主要理論是代替原理。估價結果最能反應待估土地的市場行情，體現市場的供求關係，現實性較強。但也存在不足，如果市場過度炒作或低迷時，如房地產市場過熱，導致土地出現"天價"競拍，"地王"頻現，這樣會使得估價結果嚴重偏離土地資產的本身特徵。因此，市場比較法適用於市場比較完善、比較穩定的情況。

4.2.2.2 收益還原法

收益還原法是土地估價中常用的方法。該方法把購買土地視作一項投資，在未來投資期內，每年能產生收益，將未來收益產生的現金流按一定的還原利率折算為現值，得到土地的價格，即 V＝a/r 就是該宗土地的實際價值。收益還原法的理論依據比較充分，以地租理論為依據。收益還原法適用於有現實收益或潛在收益的土地估價，但折現率的選擇取決於評估人員的經驗和估價時的具體情況，這就要求評估人員有較高的素質和豐富的評估經驗。

4.2.2.3　剩餘法

剩餘法又稱餘值法，估算時先要估算擬評估土地及地上附著物的出售價格，然後扣除地上附著物的建造成本、繳納的稅金、利息費用以及正常利潤，剩餘的就是土地的價格。土地使用權的購買價格＝房地產銷售價格－除土地價格以外的房地產的開發建築成本－稅金－開發商合理利潤。利用剩餘法估價應遵循土地最有效利用原則，正確確定土地最佳利用方式。剩餘法的理論依據類似於地租理論，但又有區別，地租是每年都會發生的剩餘，而剩餘法是一次性的剩餘估算。

4.2.2.4　成本逼近法

成本逼近法是在開發土地所發生的各項支出的基礎上加上發生的利息、應交的各項稅金，同時考慮開發商應得的利潤部分來估算土地價格的方法。該方法適用於沒有可參考的市場實例的新開發土地的評估。從投資成本的角度來觀察土地的價格，用成本來近似評估土地的價格，是一種新的考慮問題的視角。成本逼近法作為一種基本土地估價方法，適用範圍比較廣泛。但成本與土地價格之間存在差異，運用此法應慎重，宜在無法確定收益的情況下採用。

4.2.2.5　路線價估價法

路線價估價法實際上是一種市場比較法，是由市場比較法派生出來的，用於城市地價的評估。具體估價時，該方法以路線價為基準，考慮臨街深度、臨街寬度、土地形狀等影響因素，根據深度指數表和其他修正系數表對路線價進行修正，計算得出土地的價格。

4.2.2.6 基準地價系數修正法

這種方法也類似於市場比較法，以代替原理為基礎，依據已公布的同類用途同級土地的基準價和由時間、地域、條件等方面的差異所確定的修正系數來確定評估對象的價格。參考的基準地價是政府確定的，土地所在區域不同、用途不同，基準地價也有差別。城市中心區域的土地和遠離城區的土地價格肯定不同，工商業用地與居住用地也有差異。修正基準地價即可得到待估土地的地價。

4.3 土地流轉價值的確認與計量

土地流轉是使用權與價值的流轉。土地在流轉時能給企業帶來未來的經濟利益，因此具有明顯的資產屬性。土地通常以"不動產""房地產""地產"的形態出現，標誌著土地從資源變成了具有實質意義的資產。隨著市場經濟的不斷發展、土地使用制度的不斷改革、土地市場的不斷發育，人們越來越認識到土地特別是城市土地是一種稀缺的、人人都需要的、社會經濟發展也離不了的高價值的商品。因此，在土地利用時，不僅要注重土地資源的合理利用和優化配置，還必須重視土地的資產功能，把土地資產的保值、增值作為土地利用和保護的重要內容。

4.3.1 現行會計政策對土地的核算

企業使用國家的土地，必須通過會計工具予以確認、計量、記錄與報告。資產是由過去的交易和事項形成的，最明顯的特徵就是能給企業帶來未來經濟利益。從產權角度看，企業對取得的土地使用權可依法開發、建設、使用，如房地產開發企業可在土地上開發商品房，工礦企業可在土地上建造廠房。企業可在開發建造的過程中獲取一定的經濟收益，並且這些收益能夠可靠計量，因此應作為會計主體的資產核算。土地資產體現了土地的產權關係。土地資產的收益不僅包括可以帶來貨幣收入的直接經濟效益價值，還包括生態價值和社會價值。

在美國財務會計準則及國際會計準則中，企業將所擁有的土地作為固定資產核算，因為在西方國家土地是私有的，並且不對土地計提折舊。中國會計準則將土地使用權資產按照不同的使用情況分別列入"固定資產""無形資產""投資性房地產""存貨"進行核算。

4.3.1.1　土地使用權計入"固定資產"核算

過去由於歷史原因已經估價入帳的土地計入"固定資產"，並且不計提折舊。另外，企業在外購房屋建築物時，其價款中一般包含土地使用權，如果這部分土地使用權的價值不能單獨計價核算，則連同房屋建築物一併計入"固定資產"。

4.3.1.2　土地使用權計入"無形資產"核算

中國《小企業會計制度》和《企業會計制度》均規定，企業取得土地使用權在開發之前，應按照購買時所支付的價款及相關稅費計入"無形資產"核算。如果在土地上建造房屋建築物，則應將"無形資產"的帳面價值轉入"在建工程"，達到預定可使用狀態時，由"在建工程"轉入"固定資產"。由於土地的所有權歸國家所有，國家授予土地使用者一定的使用年限，土地使用年限因使用用途不同而有區分，使用年限最長的是居住用地70年；使用年限50年，包括工業用地、教科文衛體等用地；使用年限最短的是商業用地，只有40年。因此，計入"無形資產"的土地使用權要在收益期內分期攤銷。

2006年發布的《企業會計準則第6號——無形資產》規定，企業取得的土地使用權和地上房屋建築物應分別核算，取得的土地使用權計入"無形資產"，取得的土地上的房屋建築物計入"固定資產"，不再將土地使用權轉入"固定資產"核算，如果是無法合理分配土地使用權和房屋建築物價款的，則一併計入"固定資產"。

4.3.1.3　土地使用權計入"投資性房地產"核算

2006年發布的《企業會計準則》新增規定，如果企業將購置的土地使用權用於賺取租金或資本增值，或兩者兼而有之，則應將土地使用權作為"投資性房地產"核算，將購買價款和相關稅費計入初始成本，允許採用成本模式或公允價值模式進行後續計量。如果存在活躍的土地和房地產交易市場，並且企業能夠從市場中取得土地使用權的市場價格信息，能夠對土地使用權做出合理估計的，則後續計量允許採用公允價值，否則採用成本模式。成本模式計量的投資性房地產符合公允價值計量條件時，可以轉換為公允價值模式。但公允價值模式不能轉換為成本模式。在公允價值模式下，不計提折舊或攤銷費，採用成本模式時，則計提折舊或攤銷費。

4.3.1.4　土地使用權計入"存貨"核算

房地產開發企業將土地使用權計入"存貨"項目。中國房地產開發企業可從一級市場出讓取得土地使用權，也可以從二級市場轉讓取得土地使用權。無論哪種方式取得的土地使用權，都要計入開發產品的成本中，作為存貨核算。例如，萬科A（000002）將所購入的、已決定將之發展為已完工開發產品的土地計入擬開發產品；世紀星源（000005）對開發用地的會計處理為整體開發時一次性全部轉入"在建開發產品"項目，如果是分期開發的，則將分期開發用地分次部分轉入"在建開發產品"項目，未開發的土地仍保留在"開發成本"項目；沙河股份（000014）將公司開發用土地在"存貨——開發成本"項目核算。

4.3.2 運用公允價值計量土地流轉價值

前已述及，土地流轉的不確定性程度相比礦業權流轉的確定性程度小些，但仍存在各種風險，包括自然風險、生態風險、政策風險、法律風險等，屬於中度不確定性產權流轉。為了減少產權流轉過程的風險，土地使用權的轉讓方和受讓方在公平的市場中，通過自願簽訂契約來轉移產權，從而減少風險。簽訂契約時，要求雙方的地位是平等的，不存在詐欺，並且必須是雙方真實意願的表達。轉讓方和受讓方在簽訂契約前，要獲得與轉移土地相關的信息，這種信息主要靠會計提供，由於土地流轉的方式不同，會計信息需根據不同的方式，提供相關的信息，以滿足契約簽訂的需要。

土地是一種特殊的資產，在使用過程中一般不會發生自然磨損，同時中國又是一個地少人多的國家，市場經濟不斷發展，土地改革進程不斷加快，土地價值不斷攀升，土地流轉越發頻繁。企業在計量和披露土地信息時，不僅要關注可靠性，更要注重相關性。如果採用歷史成本計量獲得土地支付的對價，土地價值不能真正體現出來，失去客觀性和公允性。中國實行貨幣分房制度以來，商品房市場迅速發展，帶動了土地市場的空前發展，導致土地資產的市場價值與帳面價值發生嚴重偏離，以歷史成本計量的資產負債表不能真實反應企業的財務狀況，不能給受讓方提供可靠的土地信息，沒有體現土地價值運動過程，從而影響土地流轉，影響雙方的投資決策。

根據公允價值定義，在土地使用權流轉過程中採用公允價值計量，可體現等價原則，因為在公平市場中，土地使用權的轉移價格應是轉讓方和受讓方真實意思的表達。公允價值計量屬性與市場經濟相適應，更能適應會計環境的變化。在市場經濟條件下的部分產權流轉，應從經濟學角度考慮，體現經濟學收益，對經濟學收益的計量以公允價值計量更合理。

4.3.2.1 土地流轉過程受讓方的會計處理

隨機抽取滬深兩市及中小板、創業板上市公司230家，查閱其2010年12月31日和2011年12月31日無形資產中的土地使用權帳面價值及總資產價值，計算無形資產占總資產的比例分別為2.96%和2.76%，對取得土地使用權的主體來說，土地使用權是其一項非常重要的資產。因此，筆者建議，統一設置"土地使用權"帳戶，無論何種用途的土地使用權都納入該帳戶核算，而不像目前將土地分別計入不同的帳戶核算。企業初次取得土地使用權時，如果雙方簽訂了協議，則按雙方協議值入帳，該協議價即為公允價值。如果以存貨、固定資產或其他非貨幣性資產的方式交換得來的，能夠取得公允價值的以公允價值入帳，在後續計量中，定期（一般為每個會計期末）評估土地使用權的公允價值，調整帳面價值，確認損益。如果公允價值無法取得，則以帳面價值入帳。

第一，以轉讓方式從其他企業獲得土地使用權。如果企業取得土地使用權是為了自用，在這種情況下，以雙方協商一致的公允價值及相關的稅費計入"土地使用權——自用"帳戶，貸記"銀行存款"。如果是為了增值或出租的土地使用權，計入"土地使用權——投資性房地產"帳戶，後續採用公允價值或成本模式計量。

第二，接受投資取得的土地使用權。接受投資取得的土地使用權，應按投資方與被投資方協議的價格或第三方評估的價值計入"土地使用權"帳戶，貸記"實收資本"。如果後續計量中，土地使用權評估增值，應按公允價值調增"土地使用權"的帳面價值。

第三，非貨幣性資產交換式取得的土地使用權。企業可以其擁有的非貨幣性資產交換其他企業的土地使用權。利用非貨幣性資產交換土地使用權時，應首先判斷該項交換是否具有商業實質，如果具有商業實質，則以換出資產的公允價值加上相關稅費作為土地使用權的入帳價值。如果不具有商業實質，並且公允價值不能可靠計量時，換入的土地使用權以換出資產的帳面價值加上相關稅費入帳。

第四，債務重組取得的土地使用權。當受讓方作為債權人與債務人達成債務重組協議後，按取得土地使用權的公允價值入帳，計入"土地使用權"帳戶，後續持有期間，定期評估土地的公允價值，調整"土地使用權"帳戶的帳面價值。

4.3.2.2 土地流轉過程轉讓方的會計處理

企業取得土地使用權後，由於經營目標發生改變，或者因為其他目的，可能將取得的土地使用權進行再一次的流轉。企業可通過出售、對外投資、抵押等方式轉讓土地使用權。土地使用權的二次流轉，不能由企業單方面決定。

第一，通過出售處置土地使用權。土地使用權是一項用益物權，如果企業將通過行政劃撥方式取得的土地使用權再次轉讓，在轉讓前，應先補交土地出讓金給政府才能出售。出售時，借記"銀行存款"，貸記"土地使用權"（帳面價值），取得的價款與帳面價值之間的差額計入"營業外收入"。同時，應考慮與處置土地使用權資產相關的稅收。

第二，對外投資處置土地使用權。如果企業與被投資方簽訂投資協議，以土地使用權出資，則按照雙方協議的價格入帳，借記"長期股權投資"，貸記"土地使用權"，該協議價一般為公允價值。

第三，非貨幣性資產交換換出的土地使用權。企業以持有的土地使用權交換對方的非貨幣性資產時，也應事先判斷該項交易是否具有商業實質，如果該項交換具有商業實質，則以公允價值計量，土地使用權的公允價值與帳面價值之間的差異確認為當期損益。如果該項交易不具有商業實質，則按帳面價值結轉。

第四，債務重組換出的土地使用權。當轉讓方作為債務人與債權人達成債務重組協議後，按雙方協議的價值或評估值作為償還債務的金額，同時結轉"土地使用權"帳戶的帳面價值，二者之間的差異計入當期損失。

第五，抵押土地使用權。目前中國《企業會計準則》並沒有規定土地使用權抵押的會計處理。筆者建議，可以設置土地使用權備查簿，將抵押的宗地基本情況，包括面積、價值、用途、使用年限等做備查登記。

4.4 本章小結

本章基於中度不確定性的土地使用權流轉的會計問題，研究了如下內容：

首先，分析土地產權的內涵及土地產權制度的構成。中國法律明確規定，國家和集體擁有土地的所有權，國家是城市市區土地的唯一所有者，農村和城市郊區的土地歸集體所有，但如果已經徵用歸國家所有的除外。土地所有權不得買賣轉讓，而從土地所有權中分離出來的使用權允許流轉，因此中國實行兩權分離的土地產權制度，在土地所有制的基礎上分離出土地使用權及他項權利。

其次，建立在土地制度基礎上的產權流轉包括出讓和轉讓兩種方式，形成中國的土地一級市場和二級市場。一級市場的出讓主要採取協議、招標或者拍賣方式，二級市場主要是採取在平等主體之間的轉讓、租賃、抵押、互換、入股、贈與或繼承等方式，本書主要探討二級市場的土地流轉。通過查閱國土資源公報，得到中國土地使用權的出讓和轉讓情況。

再次，分析土地價值構成和評估方法。西方地租理論是分析和研究中國土地價值的基礎，同時又吸收了馬克思地租理論的精華。土地產權的價值由使用價值和存在價值構成。土地價格評估是土地產權流轉的基礎。地租理論和地價理論為土地估價提供了方法理論依據。城市土地估價方法主要有市場比較法、收益還原法、剩餘法、成本逼近法、路線價估價法和基準地價系數修正法6種方法。

最後，闡述土地流轉的價值計量。先闡述現行土地會計處理現狀，世界各國並沒有為土地單獨發布獨立的會計處理規範，而是分散於存貨、無形資產、投資性房地產等項目中，並且以歷史成本計量。隨著市場經濟的繁榮，產權流轉的加速，建議採用公允價值計量土地流轉價值，單獨設置"土地使用權"帳戶，從土地流轉的受讓方和轉讓方兩個視角探討土地使用權的流轉價值的計量。

5 低度不確定性產權流轉計量：以租賃業務為例

5.1 租賃發展概況

租賃業務作為一種新的融資手段在全球得到了迅速的發展，在社會經濟生活中扮演著重要的角色。當企業需要某種設備但又沒有足夠的資金購買時就可以採取租賃的方式，如租賃廠房、土地、設備、交通工具等。對出租人而言，可以把不需用的資產出租給承租人，提高資產的使用效率；對承租人而言，避免把大量資金積壓在固定資產上，增加資金的流動性。同時，租賃業務具有風險較低、易控制的特點，因而租賃是一項雙贏的活動。現代租賃業正生機勃勃地發展著，滲透到各行各業。

全球最早的租賃業務發生在 1877 年，美國貝爾電話公司將其擁有的電話機出租給企業和個人使用，收取租金。全球第一家專業租賃公司於 1952 年在美國洛杉磯成立，為企業提供長期直接投資項目。根據世界租賃年鑒的統計，2009 年全球租賃額排名前 10 位的國家的融資租賃總額達到 4,420 億美元（2009 年 1 美元約等於 6.83 元人民幣，下同），其中中國達到 410.1 億美元，位居第四，具體數據如表 5.1 所示。

表 5.1　　　　2009 年租賃額前 10 位的國家

排名	國家	金額（億美元）	增長率（%）
1	美國	1,739	-14.8
2	德國	553	-26.0
3	日本	532.5	-18.7
4	中國	410.1	86.7
5	法國	318.4	-19.8
6	義大利	267.8	-32.3
7	巴西	233.1	-48.5
8	英國	146.9	-31.2
9	加拿大	130.5	-12.9
10	俄羅斯	88.7	-60.4
合計		4,420	—

數據來源：2011 年世界租賃年鑒。

從租賃業市場滲透率來看，美國達 31.1%，加拿大為 20.2%，英國為 15.35%，德國為 9.8%，中國目前僅為 4%，這是因為中國租賃融資起步較晚，1981 年才在北京成立第一家租賃公司。30 多年來，中國租賃業不斷壯大，在建築、航空等產業領域普遍滲透。截至 2012 年年底，中國融資租賃公司約 560 家，註冊資本為 1,820 億元，租賃合同餘額約為 15,500 億元。除融資租賃外，經營租賃在中國發展也比較快，隨著市場經濟的發展，租賃業在中國必然有一個較大的發展空間。

5.2 租賃業務的產權流轉分析

租賃是一項契約，是在出租人與承租人之間簽訂契約達成協議，由出租人在一定時期內將資產的使用權轉移給承租人使用，承租人按期支付租金給出租人。租賃活動的目的包括籌集資金、獲取資產、獲得專業知識以及提高資產使用的靈活性。從產權理論角度考慮，租賃是出租人轉移資產的使用權而不是所有權給承租人，屬於產權的部分流轉。出租方通過購買或建造方式取得租賃財產的完全產權，包括所有權、佔有權、支配權、使用權、收益權和處置權，然後將租賃資產交付承租人使用，導致租賃資產的所有權與使用權相互分離。租賃期滿時，租賃資產的產權歸屬具有不確定性，如果是融資租賃租入的標的資產，承租人有低價優先購買選擇權，當然承租人也可以放棄購買，而以相對低的價格續租資產。如果對租賃資產不甚滿意，也可以在租賃期滿時退還給出租人。

租賃業務作為企業過去的交易或事項，對財務報表的影響隨著時間推移而明確。租賃業務可能面臨著經營風險、市場風險、信用風險、匯率風險和法律風險，因此租賃業務是一種低度不確定性經濟業務。經營租賃和融資租賃的根本區別就是轉移風險和報酬的程度不同。在租賃產權流轉過程中，出租人承擔著按照約定將租賃物交付承租人，並在租賃期間保持租賃物符合約定的用途的義務。承租人承擔的責任是按約定的條款使用租賃物、妥善保管租賃物，並按合同的約定支付租金。如果承租人未按照約定的條款使用租賃物，致使租賃物受到損失的，出租人有權解除合同並要求賠償損失。承租人在租賃期間可獲得因佔有、使用出租物而取得的收益權，如果經出租人同意，可以將租賃物轉租給第三人。

5.3 租賃資產價值的評估——期權模型的運用

如果租賃業務的期限相當長，則租金金額相應較大，因此租賃具有歐式看漲期權的特徵。租金由基本租金和或有租金組成，或有租金是租賃合同賦予出租人的一項權利。如果承租人經營有方，銷售業績很好，出租人在獲得基本租金之外還可享受承租人的超額銷售收入的權利；如果承租人經營不好，銷售業績不佳，出租人仍可以獲得基本租金。或有租金具有不確定性，因此使用租賃資產產生的未來現金淨流量具有不確定性，這就像衍生金融工具的價格一樣是不可預測的，這種不確定性具有期權的特徵。因此，運用 Black-Scholes 期權定價模型對其進行定價是合理的。目前也有不少學者進行這方面的研究，如徐公達（2003）將期權定價方法用於飛機租賃業務中，對飛機租賃業務中的風險進行管理。下面以長海公司租賃生產線為例闡述 Black-Scholes 期權定價模型在租賃中的運用。

案例2：長海公司計劃於 2012 年 1 月 1 日租賃一條生產線，生產線價格為 10,000 萬元，租期為 10 年。生產線營業現金流入量的現值為 32,000 萬元，營運成本現值為 37,000 萬元。假定標的資產的波動率為 0.42，無風險利率為 4.5%。

將以上各值代入 Black-Scholes 期權模型，可得生產線租賃的期權價值：

$$d_1 = \frac{\ln\left(\frac{32,000}{37,000}\right) + \left(4.5\% + \frac{0.42^2}{2}\right) \times 10}{0.42 \times \sqrt{10}} = 0.893,7$$

$$d_2 = d_1 - \sigma\sqrt{T} = 0.893,7 - 0.42 \times \sqrt{10} = -0.434,5$$

查表可得：

$N(d_1) = 0.813,2$

$N(d_2) = 1 - N(0.434,5) = 0.333,6$

$c = 32,000 \times 0.893,7 - 37,000 \times e^{-4.5\% \times 10} \times 0.333,6$

$= 20,728.67(萬元)$

該租賃的期權價值為 20,728.67 萬元。

5.4 租賃會計處理現狀

5.4.1 現行租賃會計基本規範

美國是世界上租賃業務最發達的國家，其對租賃會計規範研究也比較早。SFAS No.13 "租賃會計" 準則，是對租賃業務會計處理的基本規範，此後又對其進行了多次修訂。SFAS No.13 將租賃分為資本租賃和經營租賃。

國際會計準則委員會（IASC，下同）於 1980 年發布了 "租賃會計" 徵求意見稿（ED19）。1982 年 9 月，IASC 正式發布 IAS 17 "租賃會計"，自 1984 年 1 月 1 日起生效。1997 年 4 月，IASC 發布了 "租賃" 徵求意見稿（ED 56）。1997 年 12 月，新的 IAS 17 "租賃" 正式發布，自 1999 年 1 月 1 日起施行。IAS 17 是世界上許多現存準則的典範，對融資租賃和經營租賃做了根本的區別。

澳大利亞會計準則評審委員會於 1987 年 11 月頒布了 AAS 17 "租賃" 準則。為了促進澳大利亞會計準則與國際會計準則的協調，澳大利亞公共部門會計準則委員會在 1997 年 7 月發布了第 82 號徵求意見稿 "租賃"（ED 82），在充分考慮了對 ED 82 的反饋意見後，澳大利亞會計準則委員會於 1998 年 10 月發布了修訂後的會計準 AASB 1008 "租賃"。為執行澳大利亞財務報告委員會（FRC）要求與國際會計準則理事會（IASB）的準則趨同的戰略指示，澳大利亞會計準則委員會於 2004 年 7 月正式頒布了一個與 IAS 17 "租賃"趨同的澳大利亞會計準則 AASB 117 "租賃"，該準則從 2005 年 1 月 1 日開始取代 AASB 1008。AASB 117 的基本內容與 IAS 17 類似，但為了體現澳大利亞的特色，增加了特別說明。

中國關於租賃會計的規範從最初的"資產所有權觀"到現在提出的"資產使用權觀"是一個從無到有，從不規範到逐步規範和完善的過程。中國獨立的租賃會計準則出現在 2006 年財政部發布的《企業會計準則第 21 號——租賃》（以下簡稱 CAS 21）之中。CAS 21 從承租人和出租人兩個視角規範了融資租賃和經營租賃的會計確認、計量與信息披露，遵循實質重於形式的原則，將融資租入資產計入承租人的資產負債表中，作為"固定資產"入帳，以租入資產取得時的公允價值與最低租賃付款額現值兩者中的較低者作為入帳價值，並按自有固定資產一樣計提折舊，計入當期損益。承租人應將每期支付的租賃付款額之和計入"長期應付款"項目，融資租入資產與最低租賃付款額之間的差額計入"未確認融資費用"項目，在租賃期內，按實際利率法攤銷，計入"財務費用"科目。對出租人而言，會計處理相對比較簡單，出租人將最低租賃收款額與初始直接費用之和作為"長期應收款"入帳。最低租賃收款額、初始直接費用與未擔保餘值之和與現值的差額則計入"未實現融資收益"項目，並在租賃期內按實際利率法攤銷。CAS 21 也對經營租賃做出了具體的規範，但相比融資租賃而言簡單得多，原因在於 CAS 21 沒有將經營租賃承諾計入固定資產核算，只是將經營租賃期內支付的租金計入相關資產成本或當期損益。出租人仍將租出的資產列入資產負債表中，並計提折舊，將折舊費用計入"其他業務支出"科目。出租人將收到的租金確認為"其他業務收入"。

現行各國及國際會計準則理事會都將經營租賃與融資租賃做了根本的區別，將融資租賃作為承租人的固定資產入帳，經營租賃作為出租人的固定資產入帳，這不符合 IASB 概念框架中關於資產定義的控制概念。經營租賃和融資租賃的經濟實質是一樣的，只是租賃合約條款的細微區別，但在會計處理上產生了根本性的區別，任意給出經營租賃和融資租賃的劃分線，使得經營租賃在資產負債表外反應，融資租賃在資產負債表內反應。兩種不同的處理方式導致了會計信息缺乏可比性。

5.4.2 中國航空公司租賃會計處理現狀

中國上市的專門租賃公司非常少，租賃業務通常散布於航空運輸業和建築業公司中。因此，本書選擇了航空運輸業的 4 家上市公司進行研究，分析租賃業務的會計處理現狀。航空公司普遍採用租賃飛機的方式來解決資金不足的現狀，提高資金的使用率。因為飛機成本非常高，一家空客 A380 價格約為 3.19 億美元，如果完全購買，需要大量的資金，會給航空公司造成巨大的資金壓力。租賃飛機具有融資成本低、靈活性較高和籌資渠道多樣化等優勢，因此飛機租賃越來越受到各國航空公司的歡迎，租賃飛機的比重達到了 60% 以上。截至 2010 年年底，中國營運的民用飛機數量為 1,486 架[1]，其中通過融資租賃約有 310 架，通過經營租賃約有 290 架。在中小規模航空公司機隊中，經營性租賃數量超過 50%。

目前中國上市航空公司有 4 家，分別為南方航空（600029）、東方航空（600115）、海南航空（600221）和中國國

---

[1] 數據來源於 2010—2011 年中國融資租賃行業研究報告。

航（601111）。截至2011年12月31日，南方航空公司有經營租賃飛機161架，融資租賃飛機76架，融資租賃資產達232.25億元；中國國航公司有經營租賃飛機112架，融資租賃飛機96架；東方航空公司有經營租賃飛機117架，沒有具體披露融資租賃飛機的數量和租賃資產的金額；海南航空沒有說明租賃飛機的數量。表5.2為2009—2011年4家航空公司擁有的租賃飛機數量和金額情況。①

表5.2 2009—2011年4家航空公司租賃飛機的情況

證券代碼	股票名稱	年份	租賃資產帳面價值（億元） 融資租入固定資產	租賃資產帳面價值（億元） 經營租賃資產	經營租賃飛機（架）	融資租賃飛機（架）
600029	南方航空	2009	179.89	—	148	55
		2010	202.33	0.43	144	70
		2011	232.25		161	76
600115	東方航空	2009	270.20	—	—	—
		2010	273.81	—	—	—
		2011	291.23	—	117	—
600221	海南航空	2009	—	127.20	—	—
		2010	—	—	—	—
		2011	—	98.68	—	—
601111	中國國航	2009	—	—	66	77
		2010	—	—	125	84
		2011	—	—	112	96

5.4.2.1 航空公司對經營租賃的會計處理

南方航空公司將飛行設備出租，其租期內的租金收入確認

---

① 數據來源於4家航空公司2009—2011年的財務報告。

為"其他業務收入"。將經營租賃方式租入的資產計入當期損益。經營租賃固定資產改良支出計入"長期待攤費用",並按6~10年攤銷,2009年年末餘額為4,800萬元,2010年年末餘額為3,300萬元。南方航空公司未將經營租賃承諾計入資產負債表項目。

東方航空公司沒有將經營租賃承諾列示於資產負債表中,而是在報表附註中根據已簽訂的不可撤銷的經營性租賃合同和付款的期限披露,如2011年經營租賃承諾為2,447,889.8萬元,其中1年以內的應支付租金為399,213萬元,1~2年應支付租金為375,816.3萬元,2~3年應支付租金為339,485萬元,3~4年應支付租金為13,333,755萬元。支付的租賃費計入"營業成本",2011年為36,021.5萬元,2010年為29,976萬元,2009年為28,340萬元;應支付給出租方的經營租賃費計入"應付帳款",2011年為27,712.5萬元,2010年為38,299.1萬元,2009年為26,028萬元。

海南航空公司將支付的租賃費計入"長期待攤費用",2009年年末1,227.2萬元,攤銷109.3萬元,計入"營業成本",2010年期末餘額為1,117.9萬元。將未支付的經營租賃費計入"應付帳款——應付經營租賃飛機租金",2010年年末為506.3萬元,2009年年末2,145.2萬元。

中國國航公司將應付經營租賃租金計入"其他應付款——應付租賃費",2011年年末為1,527.8萬元,2010年年末18,554.8萬元,2009年年末18,233.6萬元。"長期應付款——應付經營租賃飛機及發動機大修理費"2010年年末餘額為254,227.7萬元,2009年年末餘額為158,712.6萬元。"銷售費用——租賃費"2011年發生額為12,189.6萬元,2010年發生額為12,032萬元,2009年發生額為12,071.9萬元。"管理費用——租賃費"2011年發生額為12,334.2萬元,2010年發生額為

16,563.8萬元，2009年發生額為6,819.5萬元。

從上述航空公司經營租賃業務會計處理的情況來看，各個公司的處理並不一致，海南航空公司將未付租金計入"應付帳款——應付經營租賃飛機租金"，而中國國航公司則將應支付給出租人的租金計入"其他應付款——應付租賃費"，導致會計信息不可比。4家公司都沒有將經營租賃承諾入帳，經營租賃承諾數據如表5.3所示。

表5.3　2009—2011年4家航空公司經營租賃情況

單位：億元

證券代碼	股票名稱	年份	經營租賃承諾	經營租賃費 管理費用	經營租賃費 銷售費用	經營租賃費 營業成本	支付的經營租賃款	應付經營租賃租金 應付帳款	應付經營租賃租金 其他應付款
600029	南方航空	2009	303.66	—	—	—	—	—	—
		2010	259.77	—	—	—	—	—	—
		2011	251.39	—	—	—	—	—	—
600115	東方航空	2009	151.9	—	—	2.83	—	2.6	—
		2010	271.62	—	—	3.00	—	3.83	—
		2011	244.79	—	—	3.6	—	2.77	—
600221	海南航空	2009	84.93	0.05	0.28	—	—	0.21	—
		2010	102.76	0.10	0.51	—	—	0.05	—
		2011	89.19	0.45	0.53	—	—	—	—
601111	中國國航	2009	138.29	1.21	0.68	—	—	—	1.82
		2010	168.00	1.20	1.66	—	—	—	1.86
		2011	153.28	1.22	1.23	—	—	—	0.15

5.4.2.2　航空公司對融資租賃的會計處理

第一，融資租賃資產的確認。航空公司對融資租賃資產的確認基本遵循了CAS 21的規定，將融資租賃租入的資產作為自有資產處理，計提折舊。南方航空公司2011年年末融資租賃飛機帳面價值為232.25億元，占固定資產的26.65%，占總資產的比例為17.97%。東方航空公司2011年年末融資租賃飛機帳面價值為291.23億元,占固定資產的40.69%,占總資產的比例為25.95%。海南航空公司2011年年末融資租賃飛機帳面價值為55.77億元,占固定資產的17.86%,占總資產的比例為6.86%。中國國航公司2011年年末融資租賃飛機帳面價值為346.28億元,占固定資產的34.04%,占總資產的比例為19.98%。表5.4為4家航空公司融資租賃資產情況。

表5.4 2009—2011年4家航空公司融資租賃資產情況

單位:億元

證券代碼	股票名稱	年份	融資租入固定資產	融資租入固定資產占固定資產的比例(%)	融資租入固定資產占總資產的比例(%)
600029	南方航空	2009	179.89	28.47	18.99
		2010	202.33	25.39	18.19
		2011	232.25	26.65	17.97
600115	東方航空	2009	270.20	48.46	37.52
		2010	273.81	40.20	27.16
		2011	291.23	40.69	25.95
600221	海南航空	2009	56.57	19.43	9.53
		2010	59.23	19.75	8.28
		2011	55.77	17.86	6.86
601111	中國國航	2009	273.03	39.49	25.72
		2010	282.27	31.99	18.19
		2011	346.28	34.04	19.98

第二,應付融資租賃款及利息的處理。4家航空公司的應付

融資租賃款的公允價值是根據預計未來現金流量的現值進行估計的。估計應付融資租賃款的公允價值時使用租賃合同的內含利率。在編製資產負債表時，將一年內到期的長期應付融資租賃款重新分類列入流動負債，將融資租賃最低租賃付款額淨額減去一年內到期的長期應付融資租賃款後的淨額計入應付融資租賃款負債，並在現金流量表中計入支付的融資租賃款項。但各個公司在會計科目的設置上並未完全一致，東方航空公司和海南航空公設置"長期應付款"科目核算，東方航空公司設置"應付融資租賃款"二級科目核算，海南航空公司設置"融資租入固定資產的最低租賃付款額現值"二級科目核算。南方航空公司和中國國航公司設置"應付融資租賃款"科目核算。表 5.5 為 4 家航空公司的融資租賃付款額情況。

表 5.5　2009—2011 年 4 家航空公司融資租賃付款額情況

單位：億元

證券代碼	股票名稱	年份	融資租賃最低租賃付款額	未確認融資費用	融資租賃最低租賃付款額淨額	一年內到期的長期應付融資租賃款	應付融資租賃款
600029	南方航空	2009	158.12	24.94	133.18	14.31	118.87
		2010	159.21	14.91	144.30	16.54	127.76
		2011	179.52	21.15	158.37	17.84	140.53
600115	東方航空	2009	210.12	16.42	193.70	21.25	172.45
		2010	208.75	16.66	192.08	21.38	170.71
		2011	219.23	16.62	202.61	24.59	178.02
600221	海南航空	2009	23.35	3.06	20.29	5.27	15.02
		2010	25.02	3.44	21.58	4.72	16.86
		2011	22.09	3.75	18.34	4.22	14.12

表5.5(續)

證券代碼	股票名稱	年份	融資租賃最低租賃付款額	未確認融資費用	融資租賃最低租賃付款額淨額	一年內到期的長期應付融資租賃款	應付融資租賃款
601111	中國國航	2009	190.51	2.30	188.21	34.54	153.67
		2010	188.12	5.27	182.85	22.23	160.62
		2011	226.59	7.79	218.80	26.88	191.92

　　第三，現行租賃業務處理的弊端。租賃的法律形式和其經濟實質之間的潛在的二分法已經困擾了會計準則制定機構幾十年。現行租賃會計準則將租賃業務分為經營租賃和融資租賃，實行不同的會計政策。這種二分法帶有極大的主觀判斷成分，導致現行會計處理過於複雜。實務中難以用合理的方式準確界定融資租賃和經營租賃。經營租賃同融資租賃一樣，都具有籌集資金的功能，其產權流轉性質一樣。從產權角度看，融資租賃與經營租賃都是使用權的流轉，承租人支付租金給出租人。產權性質相似的租賃業務在會計處理上卻實行差異對待，會計確認截然不同。會計準則要求承租人將融資租賃引起的權利和義務作為自有資產和負債入帳，反應在資產負債表內，並視為固定資產計提折舊和維修，而將經營租賃引起的權利和義務排除在資產負債表外，導致低估企業的資產和負債，歪曲主體的資產負債率，影響財務報表信息的真實性，報表使用者很難理解這種表外融資業務的內涵。經營租賃和融資租賃都是租賃業務，性質相同，會計核算卻完全不一致，導致會計信息不可比，損壞了財務數據的可比性，不能準確、完整地反應主體的財務狀況。一些別有企圖的承租人故意將租賃作為經營租賃處理，以減少公司的流動負債和總負債，從事資產負債表外的融資，美化了資產負債表。其會計處理的內在不足降低了財務報表在

經濟決策中的相關性。

5.5 租賃會計新模式——"使用權"模式

財務會計概念框架要求財務報表能真實地反應報告主體的相關交易和事項的經濟實質，無論這些交易和事項的法律形式如何。針對現行租賃分類和會計處理存在的不足，需要對此加以改進。2006年7月，IASB和FASB在其議事日程中增加了一個租賃項目。2010年8月，IASB和FASB聯合發布草案，提出"使用權"模式，認為所有租賃在經濟實質上是相似的，取消經營租賃和融資租賃的分類，將所有租賃資產都反應在承租方的資產負債表內。

5.5.1 "使用權"模式下承租人的會計處理

5.5.1.1 "使用權"模式下經營租賃處理的變化

在"使用權"模式下，所有租賃契約都會產生未來支付租金的義務和使用權資產，因此所有的租賃都應採用一致的處理方式。在租賃期開始日，承租人將租賃資產的公允價值與最低租賃付款額現值兩者中的較低者作為資產負債表中的固定資產入帳，將最低租賃付款額確認為長期應付款，最低租賃付款額與現值之間的差額確認為未確認融資費用，採用實際利率法攤銷。使用權資產則以攤餘成本或者公允價值後續計量，這將對租賃會計計量與報告產生重大影響。從經濟實質角度考慮，在"使用權"模式下，承租人獲得使用標的資產的權利，並因使用資產需要付出相應的租金。從產權角度看，承租人與出租人簽訂一份租賃合約後，承租人獲得了使用租賃財產的權利，能給承租人帶來未來的經濟利益，這符合資產的定義，這種權利跟已確認為資產的專利、特許經營權等權利一樣。相應地，承租人支付的租金會導致未來經濟利益的流出，符合負債的定義。"使用權"模式下，承租人在資產負債表上確認的資產或負債將比現行根據美國公認會計原則或國際財務報告準則確認的資產和負債更多。因此，租賃合同成立之後，與租賃財產相關的權利和義務應確認為資產負債表中的資產和負債項目，而不僅僅考慮融資租賃。

將經營租賃資本化會影響公司的流動負債和總負債，增加財務報表的可信度和透明度。在"使用權"模式下，作為評價承租人財務業績的指標，如負債對股東權益比率、資產負債率將會發生改變。在"使用權"模式下，承租人應確認利息費用、折舊費用和執行成本（保險、維修等）以替代租金費用。現行的租賃費用在利息、稅項、折舊及攤銷前的利潤（EBITDA，下同）中扣除，而利息費用和折舊都沒有，因此對承租人而言，確認利息費用將會增加 EBITDA。承租人應將租賃資產作為自有固定資產入帳，將租賃期內應支付的租金作為負債入帳，在資產負債表內同時增加資產和負債，影響資產負債率。表 5.6 是"使用權"模式下經營租賃變化匯總情況。

表 5.6　　　　　　　　經營租賃變化匯總

項目	美國公認會計準則	提出的模型	預期影響
總體確認	經營租賃列示於資產負債表外	將所有的租賃列為資產或負債，基於最有可能的未來租期內的租金支付（最低租賃付款額）	增加資產負債表中的資產或負債
勞務費用	列示於資產負債表外	仍然保留在資產負債表外	需要區分租賃費和勞務費

表5.6(續)

項目	美國公認會計準則	提出的模型	預期影響
租期	包括續約的討價還價選擇權期間或購買選擇權的討價還價期間	資本化最可能的租賃期間，包括選擇權期間	需要在每個報告期重新評估最可能的租賃期間，如果有需要，可以調整財務報表
或有租金	當發生的時候按一般確認	資本化最可能的未來租金，包括記錄為資產或負債	需要在每個報告期估計和資本化最可能的未來租金費用，並調節整個收益
收益表列報	按直線法記錄租賃費用在收益表上	確認支付義務的利息費用和資產的折舊費用	提高EBITDA、折舊費用和利息費用

5.5.1.2 經營租賃資本化對財務報表產生的影響——以航空公司為例

中國2006年發布的《企業會計準則第21號——租賃會計》規定，承租人應將融資租賃資產計入資產負債表中的"固定資產"項目，按自有資產進行折舊，並在租賃期內按實際利率法攤銷未確認融資費用。最低租賃付款額扣除未確認融資費用後的餘額以"長期應付款"列示。假設經營租賃與融資租賃同樣入帳處理，則將經營租賃資本化時，可參照融資租賃資產入帳的方式處理。表5.7是2009—2011年中國4家上市航空公司在年度報告中報告的融資租賃最低付款額以及未確認融資費用的情況。我們可以計算出未確認融資費用佔融資租賃最低付款額的百分比，南方航空的百分比分別為15.77%、9.36%和11.78%，東方航空分別為7.81%、7.98%和7.58%，海南航空的百分比為13.10%、13.75%和16.98%，中國國航分別為

1.21%、2.80%、3.44%。假設使用這些百分比,將經營租賃作為融資租賃處理,來計算每一個總負債增加的百分比(見表5.8和表5.9)。從計算的結果來看,南方航空公司增加的百分比比例最高,2009—2011年分別為31.39%、29.06%和24.21%,海南航空和中國國航比例較低。

表5.7　　2009—2011年4家上市航空公司融資
租賃費用占租賃最低付款額的比例　單位:億元

證券代碼	股票名稱	年份	融資租賃最低租賃付款額	未確認融資費用	未確認融資費用占融資租賃最低付款額的比例(%)
600029	南方航空	2009	158.12	24.94	15.77
		2010	159.21	14.91	9.36
		2011	179.52	21.15	11.78
600115	東方航空	2009	210.12	16.42	7.81
		2010	208.75	16.66	7.98
		2011	219.23	16.62	7.58
600221	海南航空	2009	23.35	3.06	13.10
		2010	25.02	3.44	13.75
		2011	22.09	3.75	16.98
601111	中國國航	2009	190.51	2.30	1.21
		2010	188.12	5.27	2.80
		2011	226.59	7.79	3.44

表 5.8　　2009—2011 年 4 家上市航空公司
經營租賃資本化所增加的負債　　單位：億元

證券代碼	股票名稱	年份	經營租賃承諾	未確認融資費用占融資租賃最低付款額的比例（%）	擬計算的未確認融資費用	增加的負債
600029	南方航空	2009	303.66	15.77	47.89	255.77
		2010	259.77	9.36	24.31	235.46
		2011	251.39	11.78	29.61	221.78
600115	東方航空	2009	151.90	7.81	11.86	140.04
		2010	271.62	7.98	21.68	249.94
		2011	244.79	7.58	18.56	226.23
600221	海南航空	2009	84.93	13.10	11.13	73.80
		2010	102.76	13.75	14.13	88.63
		2011	89.19	16.98	15.14	74.05
601111	中國國航	2009	138.29	1.21	1.67	136.62
		2010	168.00	2.80	4.70	163.30
		2011	153.28	3.44	5.27	148.01

表 5.9　　　　2009—2011 年 4 家上市航空公司
經營租賃資本化所增加負債的百分比　單位：億元

證券代碼	股票名稱	年份	增加的負債	原有的負債總計	總負債增加的百分比（%）
600029	南方航空	2009	255.77	814.78	31.39
		2010	235.46	810.10	29.07
		2011	221.78	916.21	24.21
600115	東方航空	2009	140.04	684.06	20.47
		2010	249.94	842.34	29.67
		2011	226.23	900.70	25.12
600221	海南航空	2009	73.80	521.58	14.15
		2010	88.63	581.13	15.25
		2011	74.05	667.26	11.10
601111	中國國航	2009	136.62	822.02	16.62
		2010	163.30	1135.20	14.39
		2011	148.01	1238.22	11.95

　　資本化經營租賃對流動負債也會產生影響。4 家航空公司都披露了一年內到期的長期應付融資租賃款。按照此方法，經營租賃承諾資本化之後，也會產生一年內到期的應付經營租賃款。先計算一年內到期的長期應付融資租賃款占融資租賃最低租賃付款額淨額的比例，使用這個比例，將經營租賃作為融資租賃處理，計算每一個流動負債增加的百分比（見表 5.10 和表 5.11）。

表 5.10 2009—2011 年 4 家上市航空公司一年內到期的
應付經營租賃款占最低租賃付款額淨額的比例

單位：億元

證券代碼	股票名稱	年份	融資租賃最低租賃付款額淨額	一年內到期的長期應付融資租賃款	一年內到期的應付融資租賃款占最低租賃付款額淨額的比例（%）
600029	南方航空	2009	133.18	14.31	10.74
		2010	144.30	16.54	11.46
		2011	158.37	17.84	11.26
600115	東方航空	2009	193.70	21.25	10.97
		2010	192.08	21.38	11.13
		2011	202.61	24.59	12.14
600221	海南航空	2009	20.29	5.27	25.97
		2010	21.58	4.72	21.87
		2011	18.34	4.22	23.01
601111	中國國航	2009	188.21	34.54	18.35
		2010	182.85	22.23	12.16
		2011	218.80	26.88	12.29

表 5.11 2009—2011 年 4 家上市航空公司的流動負債增加情況

單位：億元

證券代碼	股票名稱	年份	增加的負債	一年內到期的長期應付融資租賃款占融資租賃最低租賃付款額淨額的比例（%）	增加的流動負債	原有的流動負債	流動負債增加的百分比（%）
600029	南方航空	2009	255.77	10.74	27.47	377.82	7.27
		2010	235.46	11.46	26.98	318.01	8.48
		2011	221.78	11.26	24.97	435.06	5.74

表5.11(續)

證券代碼	股票名稱	年份	增加的負債	一年內到期的長期應付融資租賃款占融資租賃最低租賃付款額淨額的比例（%）	增加的流動負債	原有的流動負債	流動負債增加的百分比（%）
600115	東方航空	2009	140.04	10.97	15.36	356.63	4.31
		2010	249.94	11.13	27.82	391.68	7.10
		2011	226.23	12.14	27.46	436.65	6.29
600221	海南航空	2009	73.80	25.97	19.17	274.33	6.99
		2010	88.63	21.87	19.38	314.94	6.15
		2011	74.05	23.01	17.04	340.23	5.01
601111	中國國航	2009	136.62	18.35	25.07	363.94	6.89
		2010	163.30	12.16	19.86	506.33	3.92
		2011	148.01	12.29	18.19	578.67	3.14

　　將經營租賃承諾資本化，導致公司的流動負債和總負債都會增加，對公司的財務比率將產生重要的影響。例如，流動比率因流動負債的增加而發生變化，資產負債率或債務對權益比率也會因為負債的增加而產生影響。如果4家航空公司將經營租賃承諾的未來經營租賃最低付款額資本化，將造成流動比率增加。4家航空公司經營租賃承諾資本化前的流動比率如表5.12所示。經營租賃承諾資本化後，不僅流動負債和總負債會增加，與經營租賃承諾資本化相應的租賃資產也會隨之增加。經營租賃承諾資本化後的流動比率如表5.13所示。資產負債率如表5.14和表5.15所示。從表5.13和表5.15的結果看出，經營租賃資本化之後，公司的流動比率和資產負債率都提高了，因此有些公司為了公司的特殊目的，人為故意進行經營租賃處理，把資產和負債列於資產負債表外，從而降低流動比率和資產負債率。

表 5.12　　2009—2011 年 4 家上市航空公司經營
　　　　租賃資本化前的流動比率　　　單位：億元

證券代碼	股票名稱	年份	流動資產	流動負債	流動比率（%）
600029	南方航空	2009	91.28	377.82	24.16
		2010	158.59	318.01	49.87
		2011	194.85	435.06	44.79
600115	東方航空	2009	68.64	356.63	19.25
		2010	117.21	391.68	29.92
		2011	137.12	436.65	31.40
600221	海南航空	2009	141.24	274.33	51.49
		2010	206.44	314.94	65.55
		2011	250.87	340.23	73.74
601111	中國國航	2009	71.79	363.94	19.73
		2010	209.88	506.33	41.45
		2011	214.62	578.67	37.09

表 5.13　　2009—2011 年 4 家上市航空公司經營
　　　　租賃承諾資本化後的流動比率　　　單位：億元

證券代碼	股票名稱	年份	經營租賃承諾資本化後的流動資產	經營租賃承諾資本化後的流動負債	經營租賃承諾資本化後的流動比率（%）
600029	南方航空	2009	118.75	405.29	29.30
		2010	185.57	344.99	53.79
		2011	219.82	460.03	47.78

表5.13(續)

證券代碼	股票名稱	年份	經營租賃承諾資本化後的流動資產	經營租賃承諾資本化後的流動負債	經營租賃承諾資本化後的流動比率（％）
600115	東方航空	2009	84.00	371.99	22.58
		2010	145.03	419.5	34.57
		2011	164.59	464.11	35.46
600221	海南航空	2009	160.42	293.5	54.66
		2010	225.84	334.32	67.55
		2011	267.89	357.27	74.98
601111	中國國航	2009	96.86	389.01	24.90
		2010	229.74	526.19	43.66
		2011	232.79	596.86	39.00

表 5.14　2009—2011 年 4 家上市航空公司經營租賃承諾資本化前的資產負債率　　單位：億元

證券代碼	股票名稱	年份	資產總計	負債總計	資產負債率（％）
600029	南方航空	2009	947.36	814.78	86.01
		2010	1,112.29	810.10	72.83
		2011	1,292.60	916.21	70.88
600115	東方航空	2009	720.19	684.06	94.98
		2010	1,008.10	842.34	83.56
		2011	1,122.15	900.70	80.27

表5.14(續)

證券代碼	股票名稱	年份	資產總計	負債總計	資產負債率(%)
600221	海南航空	2009	593.43	521.58	87.89
		2010	715.53	581.13	81.22
		2011	812.97	667.26	82.08
601111	中國國航	2009	1,061.63	822.02	77.43
		2010	1,552.19	1135.20	73.14
		2011	1,733.24	1238.22	71.44

表5.15　2009—2011年4家上市航空公司經營租賃資本化後的資產負債率　　單位：億元

證券代碼	股票名稱	年份	經營租賃承諾資本化後的資產總計	經營租賃承諾資本化後的負債總計	經營租賃承諾資本化後的資產負債率(%)
600029	南方航空	2009	1,203.13	1,070.55	88.98
		2010	1,347.75	1,045.56	77.58
		2011	1,514.38	1,137.99	75.15
600115	東方航空	2009	860.20	824.1	95.80
		2010	1,258.05	1,092.28	86.82
		2011	1,348.39	1,126.93	83.58
600221	海南航空	2009	667.23	595.38	89.23
		2010	804.15	669.76	83.29
		2011	887.02	741.31	83.57

表5.15(續)

證券代碼	股票名稱	年份	經營租賃承諾資本化後的資產總計	經營租賃承諾資本化後的負債總計	經營租賃承諾資本化後的資產負債率(%)
601111	中國國航	2009	1,198.25	958.64	80.00
		2010	1,715.50	1,298.5	75.69
		2011	1,881.24	1,386.23	73.69

經營租賃承諾資本化會對收入及股東權益產生影響。對經營租賃而言，租賃費用報告在損益表上；對融資租賃而言，利息費用及攤銷費用報告在損益表上。任何包含收入的比率將受經營租賃計入融資租賃的影響，如淨利潤、資產報酬率、淨資產收益率以及利息保障倍數。由於淨收益在會計期末已計入留存收益中，股東權益也會受到影響，任何包含股東權益的比例也會受到影響。

5.5.2 "使用權"模式下出租人的會計處理

租賃業務涉及承租人和出租人兩方。現有文獻主要集中在承租人的會計處理上，很少涉及對出租人的會計處理。在國際會計準則理事會2010年8月提出的"使用權"模式中，承租人在整個租賃期內將租賃資產使用權作為資產入帳核算，支付租金義務作為負債核算。在"使用權"模式中出租人該如何處理呢？出租人應在資產負債表中反應應收租賃款這一項新的資產，同時，出租人的資產負債表反應提供租賃資產的使用義務為一項新的負債。

出租人根據商業模式的不同可以採用兩種會計處理方法，即履約義務法和終止確認法。確定的依據是出租人在租賃期間是否保留與租賃資產相關的重大風險或收益。當出租人保留了與標的資產相關的重大風險或收益時，則出租人擁有從承租人收取的應收租賃款的權利，該權利應在出租人的資產負債表上確認為資產，同時將提供租賃項目使用權的義務確認為一項新的負債，這就是履約義務法。這就要求出租人保留標的資產在其資產負債表上，將應收租賃款確認為應收帳款，並確認相關的義務為負債。履約義務法應用於目前的經營租賃。應收租賃款和負債的初始計量是類似的（基於租賃付款額的現值，包括或有租金的估計、承租人提供的擔保餘值以及期間選擇權的罰款）。租賃公司使用實際利率法攤銷應收租賃款。終止確認法是指出租人不承擔租賃資產的風險，也不再享有租賃資產的收益。出租人的資產負債表只保留在租期結束時，出租人對標的資產擁有剩餘資產權。終止確認法應用於目前的融資租賃。終止確認法下，出租人確認應收租賃付款額的現值（包括產生的初始直接費用）。在租賃期末，單獨確認代表出租人標的資產權利的剩餘價值（基於標的資產原帳面價值的分配的計量）。在這種方式下，出租人將在租賃開始日確認收入。下面的闡述提供了履約義務法和部分終止確認法的比較。

考慮出租人進行一個 4 年期的機器設備租賃，設備預計使用年限為 5 年，簽訂租賃合同前，出租人報告的機器資產的帳面價值為 150,000 元，該設備的公允價值為 175,000 元，假定出租人計量的租賃應收款和初始履約負債為 140,000 元，如果出租人採用履約義務法，則會計分錄為：

借：租賃應收款　　　　　　　　　　　　140,000
　貸：履約義務負債　　　　　　　　　　140,000

相反，假定出租人採用部分終止確認法，終止確認的該部分資產為 120,000 元，出租人將重新分類物業、廠房和設備剩下的帳面價值 30,000 元為餘值。最後出租人確認最低租賃付款額 140,000 元為收入，編製如下會計分錄：

借：租賃應收款　　　　　　　　　　　　140,000

商品銷售成本　　　　　　　　　　　120,000
　　資產餘值　　　　　　　　　　　　　30,000
　貸：機器　　　　　　　　　　　　　　150,000
　　收入　　　　　　　　　　　　　　　140,000

兩種方法下資產負債表的比較如表5.16所示。

表5.16　　履約義務法與部分終止法處理比較　　單位：元

	履約義務法	部分終止法
機器	150,000	—
應收租賃款	140,000	140,000
資產餘值	—	30,000
總資產	290,000	170,000
履約義務負債	−140,000	—
淨租賃資產	150,000	170,000
淨新租賃資產	—	20,000*

* 代表產品邊際利潤，即140,000−120,000=20,000元。

國際會計準則理事會對出租人會計的總結如表5.17所示。

表5.17　　　　　　　　出租人會計

出租人標的租賃資產		與標的資產相關的出租人收益和風險
重要	不重要	很小，微不足道
履約義務法	部分終止法	購買或銷售法
出租人保留租賃資產	出租人終止確認租賃資產	國際會計準則理事會考慮的範圍之外
確認應收租賃款的權利和履行負債的義務	確認應收租賃款的權利、餘值的權利、產品銷售成本和收入	

5.6 本章小結

本章基於低度不確性的產權流轉，研究了租賃業務的會計問題，內容如下：

首先，對租賃業務的產權經濟實質進行分析。租賃業務作為一種新的融資手段在全球得到了迅速的發展，中國已經躍居全球租賃業務的第四大國。租賃是一項關於使用權的契約，從產權理論角度考慮，租賃是出租人轉移資產的使用權而不是所有權給承租人，並收取租金的活動。

其次，對租賃業務會計處理的現狀進行分析。美國、澳大利亞、中國及國際會計準則理事會都發布了單獨的租賃準則，並實現租賃業務會計處理的國際趨同。中國航空公司主要以租賃飛機為主，本章選擇了航空運輸業的4家上市公司進行研究，分析其對經營租賃和融資租賃業務的會計處理現狀，並分析現行租賃準則的弊端。

最後，針對現行租賃業務會計處理的二分法存在的弊端，提出租賃會計新模式——"使用權"模式。從出租方和承租方兩個角度探討會計處理問題。仍以4家上市航空公司為例，分析經營租賃資本化後，對資產、負債以及財務比例的影響程度，得出這樣的結論：經營租賃承諾資本化後，主體的流動比率和資產負債率均有提高。

6 不確定性產權流轉的信息披露

6.1 會計信息披露的基本規範

產權流轉改變了資源配置的方式，產權流轉的轉讓方和受讓方的權益必須得到保護。但保護轉讓方和受讓方的利益，尤其是受讓方的利益，必須獲得足夠的產權流轉信息，這些都需要高質量的信息披露。因此，本章主要闡述產權流轉的信息披露問題。國際會計準則委員會、美國財務會計準則委員會以及中國財政部就會計信息披露做出了具體的規範。

6.1.1 國際會計準則委員會對會計信息披露的規範

國際會計準則委員會自 1975 年 1 月發布 IAS 1 "會計政策的披露"以來，一直在不斷修訂財務報表信息的列報，到 2005 年 8 月為止，共修訂了 7 次。1976 年 10 月 IAS 5 "財務報表中應披露的信息"發布；1979 年 11 月發布的 IAS 13 強調流動資產和流動負債的列報；1997 年修訂的 IAS 1 將準則名稱改為"財務報表的列報"；1997 年 12 月，IAS 1 又一次修訂，更強調"公允列報"；2003 年 12 月 IAS 1 繼續修訂，對"公允列報"做詳細的說明，增加一些披露要求，限制背離的規定。最近一次修訂是在2005年8月，增加了關於資本披露的規定。IAS 1規範了信息披露的總體要求、基礎假設以及信息質量特徵等。2008年10月，IASB和FASB聯合發布"財務報表列報初步意見"，要求主要財務報表按經營活動、投資活動和融資活動三類分類列報。

6.1.2 美國財務會計準則委員會對會計信息披露的規範

美國證券交易會（SEC）、美國註冊會計師協會（AICPA）以及FASB對會計信息披露進行了廣泛的研究。但美國的信息披露是從證券市場的監管機構美國證券交易委員會成立開始的。1973年，美國證券交易委員會制定了"安全港"規則，開啟了預測性信息披露的先河，如果預測的信息能夠取得合理的依據，即使與現實存在差異，企業也無須承擔責任。之後，美國註冊會計師協會發布了3個與預測信息披露相關的指導性文件，對企業的盈利預測起到指導和規範的作用。2001年，FASB發表了一個提高自願性信息披露的報告。美國的信息披露經歷了由強制性信息披露階段、預測性信息披露階段、未來性信息披露階段、鼓勵自願性信息披露階段到強制性信息披露和自願性信息披露相結合的階段。美國信息披露規範中最突出的特點是對預測性和未來性信息的披露，這對中國不確定性產權流轉信息披露具有很好的借鑑作用。

6.1.3 中國財政部對會計信息披露的規範

2006年，中國財政部發布《企業會計準則第30號——財務報表列報》，規範了財務報表列報的基本要求、財務報表的組成和適用範圍、報表附註應披露的內容，要求在財務報表附註中披露公司的基本情況、財務報表的編製基礎、遵循企業會計準則的聲明、報表重要項目的說明、或有事項、資產負債表日後事項以及關聯事項等。

總之，國際會計準則委員會、美國財務會計準則委員會不斷致力於完善信息披露的規範，這將有利於促進不確定性產權流轉的信息披露。

6.2 不確定性產權流轉的信息披露

6.2.1 礦業權流轉的信息披露

礦產資源價值信息對投資者和債權人進行決策具有重要的作用，礦業權作為礦山企業重要的資產，如何納入會計報表核算和披露是關鍵的問題。礦業權中一個重要的問題就是礦產資源開採時會排放出大量的碳，對碳排放的環境保護投入要多少？產出有多少？未來的風險有多少？碳排放對氣候變化的影響有多少？財務報告聚焦於氣候變化是一個趨勢。國際會計準則委員會和美國財務會計準則委員會支持將氣候變化納入會計準則，即將碳資產價值量化到具體數據，作為無形資產列入資產負債表。因為碳排放指標在交易所裡可以交易，有市場價值，所以價值容易確定。溫室氣體排放的大戶，如石油天然氣和煤炭的開採企業，獲得礦業權的這些企業以後可能需要支出部分成本去購買碳排放配額，應把相應信息向投資者披露。

礦業權資產的對外披露與一般的披露不同，它有更高的要求，不僅要真實、準確、及時、實用而且要易於理解；不僅要反應現實情況，更要預測未來發展；既要有貨幣信息，也要有大量的非貨幣信息。此外，由於礦業權資產計量的特殊性，一些難以計量和沒必要計量的信息將在報表外予以披露。因此，應在現有財務報告的基礎上對其信息披露形式和內容做適當調整，單獨增加反應礦業權資產的報表項目和相應的專門化報告。

自20世紀70年代以來，會計界都一直在為礦產資源行業開發一種非傳統的財務報表列報格式和披露方式，這種列報格式和披露方式能夠用於評估礦產資源行業上游活動的業績，能夠提供比較企業財務業績和財務狀況而需要的信息，其核心是提供與企業決策有關的信息。對於礦產資源行業來說，這種信息的核心就是企業的儲量資產能為企業未來帶來多少經濟利益或現金流量，能在多長時間為企業帶來經濟利益或企業的可持續發展能力如何，具體而言就是礦產資源儲量及其價值有多少、能開採多久、儲量的替代情況如何、對勘探的投資力度如何。因此，礦產資源行業企業的儲量、儲量價值、已經發生的各生產階段的投資情況等信息就成為投資決策和信貸決策要考慮的首要問題，也因此成為以提供決策有用信息為目標的會計所關注的核心問題。

6.2.1.1　各國礦產資源價值披露要求

第一，美國對石油天然氣信息披露的規定。美國對石油天然氣信息披露做了深入的研究。美國財務會計準則第19號（SFAS No.19，1977）第48~59段對披露進行了規定。從事石油天然氣生產活動的企業應當按照50~59段規定，披露包含一套完整的年度財務會計報表。披露可在報表內，也可在報表的附註中，或在屬於財務報表整體部分的某一單獨明細表中進行披露。披露的內容包括儲量、資本化成本以及石油天然氣生產活動成本。一是某一企業的原油、天然氣的已探明儲量或已開發或已開發探明儲量的權益淨數量，應當在每年期初及期末編製的一套完整的財務報表上進行報告；二是某一企業每年石油天然氣已探明儲量淨數量的變動，應在編製的一套完整的財務報表上進行報告；三是與石油天然氣生產活動有關的資本化成本總額以及與之相關的累計折舊、折耗等金額應當在每期期末編製財務報表時進行報告。同時，報表中還應披露礦區財產取得成本、勘探成本、開發成本和生產成本。SFAS No.69（1982）"石油天然氣生產活動的披露準則"要求所有參與石油天然氣生產活動的企業，均應在其財務報表中披露已發生的成本和資本化成本的會計處理方法。

第二，IASB相關準則的披露要求。IASB採掘活動項目小組在採掘活動草案中也提出了披露的觀點。2004年，IASB發布IFRS 6"礦產資源勘探與評價"準則，規定了會計主體應披露的礦產資源的勘探和評價信息，主要包括：勘探與評價資產的確認標準；勘探與評價資產、負債、收益和費用，以及經營和投資活動的現金流量的金額；會計主體應將勘探與評價資產單獨處理和披露。

第三，澳大利亞相關準則的披露要求。AASB 1022和AAS 7要求以附註方式在損益表中單獨披露以下內容：勘探、評價或開發成本合計數；結轉的勘探、評價或開發成本的攤銷費用；政府特許權使用費和應支付的產品銷售費用。同時，還應單獨在資產負債表中披露以下內容：勘探和評價階段的成本結轉；開發階段的成本結轉；生產階段的成本結轉。

2004年，AASB 6要求主體應披露用於認定和解釋因礦物資源的勘探和評價而在財務報表中確認的金額的信息。因此，會計主體應披露下列信息：一是勘探和評價支出的會計政策，包括勘探和評價資產的確認；二是勘探和評價礦產資源所產生的資產、負債、收益和費用，以及經營和投資活動的現金流量的金額。除此之外，主體在對某一權益區域的勘探和評價資產進行確認並披露其金額時，還要說明此項勘探和評價資產支出是通過權益區域的成功開發、開採或權益區域的出售來補償。主體應將勘探和評價資產作為單獨一類資產來處理。

第四，中國礦業權信息披露準則規定。根據中國《企業會計準則第 27 號——石油天然氣開採》（CAS 27，2006）的規定。企業應當披露與石油天然氣開採活動有關的下列信息：一是擁有國內和國外的油氣儲量的年初、年末數據；二是當期在國內和國外發生的礦區權益的取得、油氣勘探和油氣開發各項支出的總額；三是探明礦區權益、井及相關設施的帳面原值、累計折耗和減值準備累計金額及其計提方法；四是與油氣開採活動相關的輔助設備及設施的帳面原價、累計折舊和減值準備累計金額及其計提方法。

6.2.1.2　現行礦產資源資產信息披露模式

第一，"歷史成本"報告模式。以歷史成本計價為基礎的報告模式，是傳統的財務會計報告模式。在此模式下，主要以資產負債表、損益表和現金流量表的形式對外提供報告。在資產負債表中，資產和負債按流動性的大小排列，流動性最強的資產排在最前面。在報表左邊的資產中，首先是流動資產，貨幣資金是流動性最強的資產，因此排在第一，其後為交易性金融資產；非流動資產排在流動資產之後，如持有至到期投資、長期股權投資、投資性房地產、固定資產、無形資產等。資產按流動性的大小排列，可以幫助報表使用者正確評價資產的變現能力和財務風險的大小。"歷史成本"報告模式對石油天然氣、煤炭、有色金屬等礦產資源信息的披露非常簡單，基本是根據取得的探礦權和採礦權成本來入帳，或根據已經開採出來的礦產資源數量披露，從而忽視了礦業類資產的特殊性，礦產資源的儲量根據開採的程度會發生變化，僅用歷史成本披露取得成本是遠遠不夠的，不能真實反應礦產資源的儲量信息。

第二，"儲量認可法"報告模式。美國證券交易委員會認為美國財務會計準則委員會採用的成果法和完全成本法都沒有提供石油天然氣生產企業的足夠的財務狀況和經營成果信息，因此於 1978 年 8 月提出了新的會計方法——儲量認可法（RRA）

以完全取代之前的成果法和完全成本法。該方法以已探明儲量估價為基礎，以反應預計探明儲量的數量增加和預計探明儲量的價值變動。這一反應以現行價格和10%的折現率進行。該方法要求石油天然氣公司披露如下信息：已探明石油天然氣儲量和未來現金流量。未來現金流量應按照與企業相關的已探明儲量每年年底的價格計算。這就表明儲量認可法既要報告石油天然氣資產的價值，也要報告石油天然氣資產價值的變動。

儲量認可法要求單獨披露導致未來現金流量變化的因素，具體包括：與未來生產有關的銷售和轉移價格以及生產成本的變化淨值；預計未來開發成本的變動；各期生產石油天然氣的銷售和轉移；由礦區的擴展、新發現和採收率的提高產生的變化淨值；合理的礦產資源的採購和銷售的變化淨值；由於數量估計的修正導致的變化淨值；發生在各期以前估計的開發成本；折現的增加；所得稅的變化淨值以及其他因素引起的變動。

第三，"歷史成本+儲量+儲量價值"模式。美國財務會計準則委員會發現美國證券交易委員會的披露要求給石油天然氣生產企業帶來了沉重的負擔，會帶來不必要的複雜化，並不能相應地增進財務報表對使用者的有用性，而且其他一些通常被認為是有用的信息卻沒有提供。因此，美國財務會計準則委員會於1982年發布了SFAS No.69，採用"歷史成本+儲量+儲量價值"模式，暫時解決了礦產資源會計信息提供過程中出現的可靠性和相關性矛盾。這種以歷史成本為基礎，以儲量和儲量折現價值為補充的信息披露方法，在美國一直延續至今，甚至影響了全世界的礦產資源行業大型企業，這種信息披露模式幾乎成為全世界礦產資源企業普遍遵守的公認會計原則。

6.2.1.3 中國採掘業上市公司信息披露現狀

截至2011年12月31日，中國上市採掘業公司共162家，其中石油類22家，煤炭採選類38家，鋼鐵行業38家，有色金屬行業 64 家。石油天然氣公司的信息披露遵循《企業會計準則第 27 號——石油天然氣開採》的披露要求。披露的信息主要有：公司簡介，會計數據和財務指標摘要，股本變動及股東情況，董事長報告，業務回顧，管理層對財務狀況和經營結果的討論及分析，重要事項，關聯交易，公司治理結構，股東大會情況介紹，董事會報告，監事會報告，董事、監事、高級管理人員和員工情況，石油天然氣儲量資料，國際核數師報告，按中國《企業會計準則》編製的財務報表和按國際財務報告準則編製的財務報表，公司信息，備查文件及董事、高級管理人員書面確認。尤其是對油氣儲量年初、年末數據，礦業權的取得、攤銷，油氣勘探和油氣開發各項支出的總額進行了詳細的披露，但未披露儲量價值信息。

　　非油氣採掘業上市公司信息披露則五花八門，沒有統一的規範，很多公司都沒有披露擁有的探礦權、採礦權數量及已探明的儲量情況，導致公司間的信息不可比，不能真實反應礦山企業的財務狀況和經營成果。在 162 家公司中，有 81 家公司詳細披露了擁有礦業權的金額，其中 75 家公司按探礦權和採礦權分別披露原值、累計攤銷、帳面淨值、減值準備及累計折舊，6 家公司將探礦權和採礦權合併披露，如吉恩鎳業、中金黃金、中石油、中金嶺南、雲南銅業以及神火股份。有的公司將探礦權和採礦權計入無形資產披露，有的則計入其他非流動資產，如攀鋼釩鈦、寶泰隆在其他非流動資產中披露了探礦權。披露未探明礦區權益的公司有 2 家，即兗州煤業和東方鋯業。披露地質成果的只有章源鎢業，在其他非流動資產中披露，西部礦業在無形資產中披露。

　　披露礦業權取得方式的公司有 61 家，未披露的有 44 家。披露資源儲量的公司有 10 家，分別為江西銅業、賢成礦業、盤江股份、中金黃金、中國神華、中國石油、國投新集、攀鋼釩鈦、河北鋼鐵、辰州礦業。106家公司披露了礦業經營過程中的主要風險及應對措施。對勘探成本支出處理，凌鋼股份、江西銅業、百花村、西部礦業、中石油、紫金礦業、國投新集、中色股份、西藏礦業、雲鋁股份以及章源鎢業披露了發生的勘探成本，但對勘探成本的處理也不盡相同，有的計入"無形資產"項目、有的計入"長期待攤費用"項目、有的計入"在建工程""其他非流動資產"項目，但也有單獨設置"勘探成本"項目核算的，如江西銅業。

6.2.1.4 礦業權流轉信息披露模式

礦業權流轉信息的披露要符合一定的目標要求，使財務報告使用者能依此評價：企業擁有礦業權資產的價值；這些礦業權資產對企業當期財務業績的影響；擁有礦業權相關的不確定性和風險的性質和程度。為了滿足這些目標，使財務報告使用者做出關於採掘活動的投資決策，建議披露更多的信息，包括披露儲量、公允價值計量（如果資產以公允價值計量）、生產收入、成本（勘探成本、開發成本、生產成本）。

第一，儲量披露。能夠獲得主體經濟開採的礦產和石油天然氣儲量信息對瞭解主體的財務狀況和產生未來現金流量的能力是非常重要的。礦產和石油天然氣儲量包括已探明儲量和可能儲量，披露已探明儲量和可能儲量是主體提供信息的最低水平，因為它們通常是採掘活動主體經營管理的重點，所以主體應披露已探明儲量和可能儲量，可以分別披露，也可以合併披露。

一些投資者可能更希望主體披露已探明儲量和可能儲量更多的信息，如臨近地區礦產和石油天然氣儲量的信息，鄰近區域的資源儲量信息更顯著地影響投資決策，因為資源儲量是其主要資產，一些大型礦產和石油天然氣主體通常應能夠通過尋找和開發新的產權區域或在現有產權區域獲得利益。歸屬於主體的礦業權資產是指那些主體有強制權利開採的礦產石油天然氣儲量，這些強制開採權可以以現金支付獲取，也可以是交換非現金資產獲得，無論哪一種類型的支付，都應作為主體的礦業權資產來處理。主體通過擁有礦業權而控制的基本儲量應包括在披露的儲量中。如果一個主體通過收購合併等方式擁有子公司、聯合安排的權益，這些子公司的儲量是否應該包括在主體的儲量信息披露之中？本書認為應根據主體控制的儲量來披露。因此，披露的信息應包括既屬於母公司的儲量，也包括屬於子公司的儲量及聯合權益安排的儲量。因此，儲量披露可擴大到：權益法下的投資，如非主體控制下的有重要影響的聯合投資；股票投資，根據 IAS 39 "金融工具：確認與計量" 來核算。被投資方的儲量披露與投資主體應分開來披露，明確主體權益的性質。如果是主體持有風險分擔安排或參與產品分成合同，則在披露時應區分是屬於產品分成合同的儲量還是屬於以風險分擔安排的儲量。

儲量進行分類披露。不是所有的儲量都是一樣的，由於地質、地理或地緣政治的特點，儲量估計的風險和不確定性程度不一樣，需要分類披露以確定受不同風險和不確定性影響的儲量。對有共同風險和不確定性的其他儲量估計在高層次如國家或地區基礎上的列報可提供足夠有用的信息。一是按商品類型分類。不同的商品通常有不同的風險，隨著礦產資源的開採和加工，商品的價格風險很顯著。因此，首要工作是讓投資者知道商品的儲量，將礦產資源和石油天然氣及油砂儲量分別披露。中國目前的採掘業公司中基本是按商品類型分別披露，然而也有一些石油天然氣開採企業將二者匯總披露，如根據桶油當量披露石油天然氣儲量，但石油天然氣受不同市場風險的影響，應分別予以披露。二是按地理分類。這個分類應在對主體有重要意義的不同風險的基礎上確定。最好是按每個產權區域披露儲量以反應每個礦區或油氣田的不同地質風險。

儲量估計方法應在財務報告中予以披露。儲量估計是礦產資源產品的數量估計，為了計算儲量，要求有地質、技術和經濟因素有關的估計和假設，包括數量、等級、生產工藝、回收率、生產成本、運輸費用、商品需求、商品價格和匯率等。由誰來做出估計也應披露，包括這個人的資格和經歷。儲量估計是基於一些假設的，因此還應披露用於儲量估計的主要假設和敏感性分析。這些假設包括價格假設、折現率、生產概況和成本假設。

第二，價值基礎信息。儲量披露對預計主體經濟可採礦產資源和石油天然氣數量是有用的，但不能提供這些儲量的未來現金流入量的跡象。以公允價值或其他現值計量礦產和石油天然氣資產可提供這些信息。如果主體礦產和石油天然氣資產的價值基於公允價值計量原則，則應披露礦產和石油天然氣資產公允價值的估計範圍。

現值計量。如果主體儲量是採用未來折現現金流量計量，應披露已探明和可能儲量的現值計量信息。已探明儲量和可能儲量表示主體在當前批准開發的基礎上經濟可採儲量的最佳估計。但沒有考慮可能存在於這些產權區域中的任何未來開發或勘探潛力。已探明或可能儲量基礎上的估值也符合儲量披露要求。FASB對石油天然氣的披露僅限於已探明儲量，這不適合於礦產類行業中，因為有一些礦藏只滿足可能儲量的分類。現值將使用貼現現金流量技術來計量。披露價值信息時，先應考慮：一是主要假設的解釋；二是計量主要組成部分的細分，包括未來產品收入、未來經營和開發支出（如果可能應分別列報）、未來特許權使用費和稅收支出、貼現的影響。具體披露現值計量時，應對本年度和上年度現值變化予以解釋，現值變化的重要原因包括商品價格、經營成本、開發成本、稅收和特許權使用費、折現率和折扣的增加。理想情況下，應為每個地區提供現值計量的補充儲量披露的信息。

公允價值計量。如果主體礦產和石油天然氣資產的價值基於公允價值計量原則，則應披露如下信息：一是報告日公允價值的計量。二是公允價值層級。礦產和石油天然氣資產的公允價值估計是基於重大的不可觀察參數，因此公允價值計量一般認為是公允價值的第三級。三是在公允價值計量估計中使用的重要假設的披露，包括商品價格假設和折扣率假設。四是公允價值計量的期初餘額和期末餘額的調整，分別披露會計期間發現或擴展、由於地質因素對以前估計的修正、商品價格因素或其他經濟因素、礦產和石油天然氣產品生產、礦業權資產的購買、礦業權的轉讓等變化。五是如果將一個或更多的參數改變為合理可能的替代假設，將顯著地改變公允價值。主體應該說明這一事實和披露這些變化的影響。六是估計技術變化。

第三，產品收入。光披露儲量和價值是不夠的，投資者也會關心從這些儲量中能獲得多少收入，這些資產是銷售給第三方還是通過仲介機構轉移給主體的下游經營業務，即關聯交易。這種分別披露信息有助於投資者評價主體的正常銷售和關聯交易銷售。產品收入披露一般需要按商品類別分別列報，這是因為大部分商品價格由國際市場決定，而不是由國內因素決定。如果商品價格受當地市場條件影響，則可按地理區域披露。在財務報告中，產品收入應披露以下內容：一是生產量。這可以幫助投資者確定主體產品銷售的平均價格。二是生產現金流量。這給投資者提供了洞察主體實現的邊際利潤。

第四，勘探、開發和生產的現金流量。披露當期和上期產生的勘探、開發和生產現金流量信息可用於評估主體的業績，比如這種現金流量信息披露可幫助投資者計算主體每單位產品的現金成本。勘探、開發和生產現金流出量的披露應在一段時期作為時間序列來提供。這種信息應與儲量披露一致。

6.2.2　土地流轉的信息披露

在土地流轉過程中，會計需要披露兩個信息，一是土地使用權的價值，即未來現金流量的現值；二是流轉的收益。土地產權流轉信息必須真實地、公允地、充分地予以披露，以引導土地投資者正確做出投資決策，而這正是會計反應與控制土地產權價值運動過程的核心內容。

一個公開交易和公平競爭的市場首先要保證的是交易雙方擁有充分而對等的信息，沒有充分的決策信息就談不上自由交易和對等談判，而任何一方主宰信息或比另一方擁有更多信息都會破壞交易的公平和公正。

因此，會計作為信息披露的工具之一，就是要最大限度地減少土地流轉信息的不對稱，讓土地流轉方和受讓方都獲得充分相關的信息。土地流轉信息應通過一定的媒介，如網站、報刊、交易平臺對外公布，公布的內容包括流轉雙方的財務狀況、經營成果、土地宗地位置、土地面積、使用權年限、土地屬性、付款方式等信息。

6.2.3　租賃業務的信息披露

6.2.3.1　租賃業務的信息披露質量分析

現行各國會計準則對租賃的信息披露都做出了詳細的規定，但內容不盡相同。國際會計準則委員會要求進行如下披露：一是承租人應在資產負債表中單獨確認融資租賃資產金額；二是承租方應披露融資租賃最低租賃付款額；三是承租方在損益表中報告的經營租賃租金支出；四是經營租賃出租人應披露每類租賃資產的金額及累計折舊；五是出租方應披露租賃投資總額、未實現融資收益和未擔保餘值。

美國租賃會計準則要求承租人進行如下披露：一是對租賃業務的一般描述，包括或有租金支付的依據、租賃合約中的條款等；二是關聯租賃業務；三是與融資租賃相關的事項，包括融資租賃資產類別和金額、最低租賃付款額總額、每年將支付的最低租賃付款額、未確認融資費用以及攤銷情況、融資租賃資產的累計折舊、或有租金等；四是與經營租賃相關的事項，包括經營租賃承諾、支付的租賃款項等。同時，美國租賃會計準則要求出租人進行如下披露：一是對租賃的總體描述；二是關聯租賃業務；三是關於銷售租賃和融資租賃相關的事項，包括最低租賃收款額和或有租金等；四是關於經營租賃事項，包括已租出資產的帳面價值，最低租金收入和或有租金等。

中國《企業會計準則第 21 號——租賃》規定承租人進行如下披露：一是融資租賃資產的期末原值、累計折舊，帳面淨值；二是融資租賃承租人應將最低租賃付款額按長期負債和流動負債分別列示，長期負債計入"長期應付款"項目，流動負債計入"一年內到期的長期應付款"項目；三是在附註中披露未來三年每年將支付的最低租賃付款額以及以後年度將支付的最低租賃付款額總額；四是未確認融資費用以及攤銷方法；五是經營租賃承租人應在附註中披露經營租賃承諾總額以及以後年度將支付的不可撤銷經營租賃的最低租賃付款額總額。《企業會計準則第 21 號——租賃》規定出租人進行如下披露：一是出租人應將融資租賃最低租賃收款額減去未實現融資收益的差額，計入"長期應收款"項目；二是在附註中披露融資租賃連續三個會計年度每年將收到的最低租賃收款額以及以後年度將收到的最低租賃收款額總額；三是融資租賃未實現融資收益及攤銷方法；四是售後租回交易；五是經營租賃出租人應當披露各類租出資產的帳面價值。

本書的研究基於中國上市公司披露的財務報表進行分析，

主要分析租賃業務信息披露的質量。在這方面，大量關於信息披露的質量和透明度方面的變異被提出來。一些有重要租賃投資的公司沒有提供詳細的報表附註披露。此外，有大量的需要披露的信息未披露，披露信息十分不完整。

本書通過查閱滬深 A 股以及中小板塊上市的2,326家公司的2011年度財務報告數據，搜索關鍵詞"租賃"。搜索發現，目前中國租賃市場主要覆蓋在航空運輸業、港口水運業、房地產建築業、電子信息業、電子元件業等行業，其他行業零星分佈。根據《企業會計準則》披露的租賃信息也不多，進行大樣本實證研究存在現實困難。表 6.1 中的面板數據匯總了樣本選擇的過程，表 6.2 顯示上市公司租賃業務披露內容。對樣本公司信息披露的審查，顯示了信息披露質量和透明度的變化相當大。從表 6.2 租賃業務披露的項目來看，披露的 2,326 個樣本中，披露經營租賃的公司數量最多，達到 210 家，占樣本總數的9.03%；132 家公司披露了融資租賃租入固定資產，占披露公司的 5.67%，融資租入固定資產的均值為 45.61 億元，最大值為 449 億元，最小值為 0.11 億元。這意味著租賃活動應用不太廣泛。同樣，這意味著會計準則制定者可更多地行使租賃披露的自由裁量權，即允許某些租賃公司提供很少的或者詳細的信息。

當前信息披露質量與公司是不對稱的。對房地產建築行業和航空業來說，經營租賃也是非常重要的經濟業務，卻沒有在資產負債表內確認。根據新的租賃會計模式，如果經營租賃資本化，則可以在更大的範圍內提供詳細的信息披露。

表 6.1　　　　上市公司租賃業務披露樣本選擇

樣本選擇	公司數量（家）	
租賃樣本數量	2,326	
行業名稱	公司數量（家）	占比（%）
機械行業	186	8.00
醫藥行業	170	7.31
化工行業	155	6.66
房地產類	141	6.06
電子信息	123	5.29
電子元件	122	5.25
輸配電氣	84	3.61
汽車行業	77	3.31
商業百貨	73	3.14
紡織服裝	72	3.10
材料行業	68	2.92
通信行業	68	2.92
有色金屬	64	2.75
電力行業	56	2.41
水泥建材	54	2.32
工程建設	52	2.24
農牧飼漁	52	2.24
食品行業	46	1.98
塑膠製品	39	1.68
綜合行業	39	1.68
煤炭採選	38	1.63

表 6.1（續）

行業名稱	公司數量（家）	占比（%）
鋼鐵行業	38	1.63
家電行業	37	1.59
港口水運	31	1.33
旅遊酒店	31	1.33
文化傳媒	31	1.33
公益事業	30	1.29
釀酒行業	30	1.29
造紙印刷	30	1.29
儀器儀表	29	1.25
化纖行業	28	1.20
玻璃陶瓷	27	1.16
交運物流	25	1.07
交運設備	23	0.99
券商信託	23	0.99
石油行業	22	0.95
國際貿易	20	0.86
高速公路	18	0.77
工藝商品	18	0.77
木業家具	17	0.73
銀行類	16	0.69
航空航天	10	0.43
航空類	9	0.39
保險行業	4	0.17
合計	2,326	100

註：租賃樣本選擇 2,326 家。

表 6.2　　　　　　　上市公司租賃業務披露內容

租賃業務披露內容	披露公司的數量（家）	披露公司的比例（％）
租賃政策	2,326	100
融資租入固定資產	132	5.67
經營租賃租出固定資產	210	9.03
融資租賃最低租賃付款額	132	5.67
未確認融資費用	132	5.67
融資租賃最低租賃付款額淨額	132	5.67
一年內到期的長期應付融資租賃款	132	5.67
應付融資租賃款	132	5.67
融資租賃最低租賃收款淨額	132	5.67
經營租賃承諾	210	9.03
未實現融資收益	30	1.29
經營租賃收益	245	10.53
經營租賃費	712	30.61
支付的經營租賃款	227	9.76
支付的融資租賃款	171	7.35
關聯租賃交易	726	31.21
或有租金	6	0.26

研究發現所有的公司都在財務報表附註中的"公司的基本信息"中披露了租賃會計政策。沒有一家公司披露經營租賃租入資產金額以及經營租賃資產折舊金額。726家公司披露了關聯租賃的信息，如鄭州煤電（600121）在2011年財務報告中披露的關聯租賃情況如下：

a. 公司出租情況表（見表6.3）。

表 6.3 鄭州煤電公司出租情況表

出租方名稱	承租方名稱	租賃資產種類	租賃起始日	租賃終止日	租賃收益定價依據	年度確認的租賃收益
鄭州煤電	鄭州煤炭工業（集團）有限責任公司	專項設備	2011.01.01	2011.12.31	市場價	181 萬元
鄭州煤電	鄭州煤炭工業（集團）有限責任公司	房屋	2011.01.01	2011.12.31	市場價	2,437 萬元

b. 公司承租情況表：無。

經營租賃承諾所屬行業及數量如圖 6.1 所示，融資租入固定資產所屬行業和數量如圖 6.2 所示。表 6.4 為融資租賃資產以及融資租賃租入固定資產占總資產的比例的描述性統計情況。

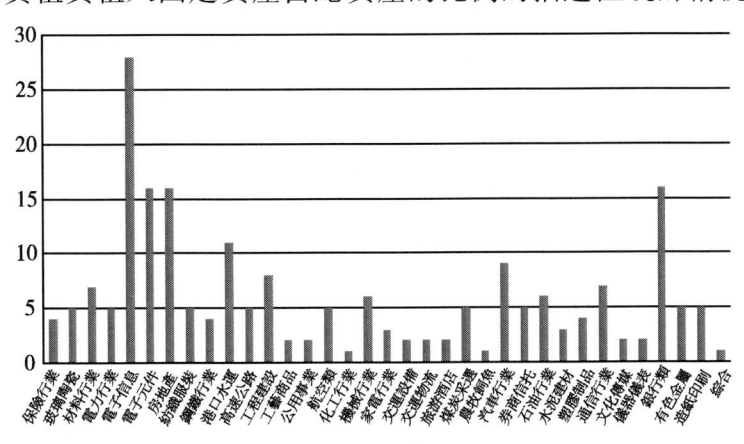

圖 6.1 經營租賃承諾分佈情況

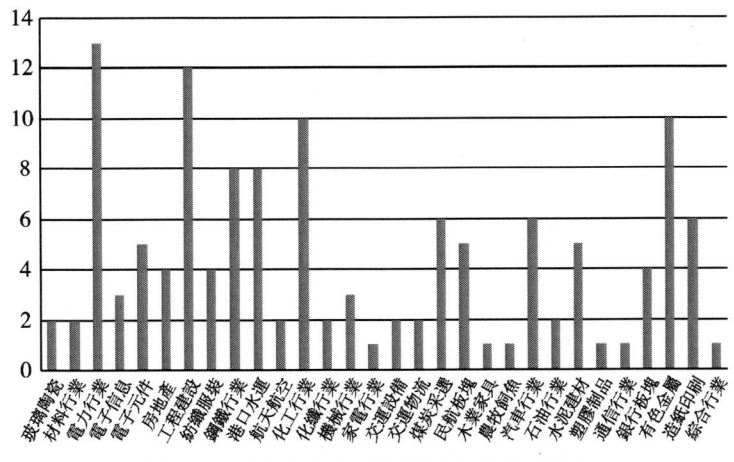

圖 6.2 融資租入固定資產分佈情況

表 6.4　融資租賃租入資產總額及融資租賃租入
資產占總資產的比例

統計量

		融資租賃租入固定資產	融資租入固定資產占總資產的比例
N	有效	132	132
	缺失	—	—
中值		162,595,054.38	1.792,3%
極小值		15,396.00	0.000,9%
極大值		44,927,000,000.00	51.590,9%
百分位數	25	32,917,465	0.429,9%
	50	162,595,054	1.792,3%
	75	538,135,977	5.207,9%

6.2.3.2 "使用權"模式下承租人的信息披露

在新租賃模式下，承租人應披露與租賃業務相關的定性和定量信息，包括財務報表中與租賃相關的金額以及租賃對未來現金流的金額、時間、不確定性的影響。公司應考慮提供信息的詳細程度和重要程度，以滿足披露要求。從中國現有的信息披露情況來看，航空類4家上市公司關於租賃信息披露比較充分，披露的信息主要包括融資租賃固定資產金額，經營租賃租出固定資產金額、融資租賃最低租賃付款額淨額、未確認融資費用、經營租賃承諾、租賃收益、經營租賃費、支付的融資租賃款以及應付經營租賃租金等。但這4家公司沒有詳細披露融資租賃固定資產和經營租賃資產的帳面價值。只有南方航空在2010年披露了融資租賃和經營租賃資產的淨額，其餘3家公司都沒有充分披露該信息。通過提供很少的信息披露，上市公司能夠掩蓋財務報表中報告偏差的現狀和影響，導致經理人員利用租賃會計政策選擇產生盈餘管理。

現行租賃會計準則未將經營租賃付款額計入資產負債表內，

而是作為表外附註披露。在"使用權"模式下，應將經營租賃付款額資本化計入資產負債表內。筆者翻閱上市公司年報，其中在報表附註中披露經營租賃承諾數據的公司有210家，樣本中16家銀行全部利用經營租賃融資。銀行利用經營租賃的動機主要是租賃網點辦公。同時，銀行更熱衷於從事融資租賃業務，相對於經營租賃可加速收入的確認。相比之下，化工行業、農牧飼漁很少採用經營租賃，各為1家公司。房地產建築行業公司193家樣本中，主要利用自行開發的商品房提供出租，這屬於投資性房地產出租，因此排除在樣本之外，真正利用經營租賃租入的只有16家公司。如果將公司在其財務報表附註中披露的經營租賃承諾資本化為資產，會對資產或負債產生什麼影響呢？為了簡化起見，採用前述4家上市航空公司的平均資本化率90.7%（見表6.5）。[1]

表6.5 2009—2011年4家上市航空公司的平均資本化率

證券代碼	股票名稱	年份	經營租賃承諾（億元）	增加的負債（億元）	資本化比例（%）	平均資本化率（%）
600029	南方航空	2011	251.39	221.78	88.22	90.70
		2010	259.77	235.46	90.64	
		2009	303.66	255.77	84.23	
600115	東方航空	2011	244.79	226.23	92.42	
		2010	271.62	249.94	92.02	
		2009	151.90	140.04	92.18	
600221	海南航空	2011	89.19	74.05	83.03	
		2010	102.76	88.63	86.24	
		2009	84.93	73.80	86.89	
601111	中國國航	2011	153.28	148.01	96.56	
		2010	168.00	163.30	97.20	
		2009	138.29	136.62	98.79	

由於利用經營租賃融資的公司分佈非常分散，按行業不好

---

[1] 為了簡化起見，經營租賃資本化採用航空公司的平均資本化率90.7%。

統計，因此選擇房地產建築類、採掘類（含石油行業、有色金屬、鋼鐵行業、玻璃陶瓷）、銀行類和航空類公司，共計59家。表6.6、表6.7和表6.8給出了這59家樣本公司的描述性統計。

基於對樣本公司與租賃相關信息披露的詳細審查，有三個方面的結果：經營租賃承諾、經營租賃資本化以及經營租賃資本化後對公司總資產的影響。

表6.6　　　　　　　　經營租賃承諾　　　　　　單位：億元

行業	公司數量（家）	最小值	Q1值	中位數	Q3值	最大值
房地產、建築類	22	0.002,5	0.078,7	1.530,8	3.942,5	27.600,0
採掘業類	17	0.015,76	0.079,18	2.647,5	22.571,0	2,650.000,0
銀行類	16	8.240,0	19.081,0	59.450,0	89.054,0	179.000,0
航空類	4	89.200,0	95.427,0	199.030,0	226.510,0	251.000,0

表6.7　　　　　　　　經營租賃資本化　　　　　　單位：億元

行業	公司數量（家）	最小值	Q1值	中位數	Q3值	最大值
房地產、建築類	22	15.400,0	60.665,0	259.750,0	955.660,0	5,060.000,0
礦業類	17	0.014,3	0.079,2	2.401,3	22.571,0	2,400.000,0
銀行類	16	7.470,0	19.081,0	53.921,0	89.054,0	162.000,0
航空類	4	80.900,0	95.427,0	180.520,0	226.510,0	228.000,0

表6.8　　　　資本化經營租賃資產占總資產的比例

行業	公司數量（家）	最小值	Q1值	中位數	Q3值	最大值
房地產、建築類	22	0.000,1	0.000,367	0.001,958	0.016,110	0.094,3
礦業類	17	0.000,1	0.001,144	0.005,055	0.039,833	0.212,5

表6.8(續)

行業	公司數量(家)	最小值	Q1值	中位數	Q3值	最大值
銀行類	16	0.000,1	0.001,239	0.002,246	0.002,783	0.003,9
航空類	4	0.080,0	0.085,000	0.140,000	0.195,000	0.200,0

如上所述，在"使用權"模式下，將資產負債表外的經營租賃承諾資本化計入表內。表6.6披露了經營租賃承諾的分佈情況，在這些公司中，22家房地產建築企業、17家礦業企業、16家銀行企業、4家航空公司提供了不可撤銷租賃下未來經營租賃承諾。假定按照國際會計準則委員會討論的結果，將經營租賃承諾資本化，計入公司的資產或負債中，則資本化的經營租賃資產見表6.7，房地產、建築類中的最大值為5,060億元，最小值為15.4億元，中位數為259.75億元。表6.8披露的是資本化經營租賃資產占總資產的比例，房地產、建築類中的中位數為0.001,958。只有4家公司的比例超過了10%，中石化為21.25%，東方航空為19.79%、南方航空為17.64%、中國鋁業為12.83%。預期資本化影響將是這些公司中最大的。披露和未披露公司之間的區別統計差異顯著，中國租賃活動不多，從而導致披露不充分。

經營租賃承諾資本化後，未來支付租金的負債被列為資產負債表的其他負債進行處理。同時，將應付最低租賃付款額減去未來期間的利息費用（未確認融資費用）確認為一項資產。這種情況反應了最大可能增加資產負債率。所有企業的槓桿都會增加。總之，我們得出結論，消除經營租賃分類對承租人的資產負債表有較大的影響。

6.2.3.3 "使用權"模式下出租人的信息披露

在新模式下，出租人也應披露與租賃業務相關的定性和定量信息。會計主體應考慮滿足披露要求的詳細程度和重要程度。相比之下，現行會計準則中的披露要求更具體些。例如，FASB於1976年發布的SFAS No.13要求更詳細的披露，認為租賃（不包括槓桿租賃）是出租人經營活動中收入、淨收益和資產的重要組成部分。SFAS No.13對融資租賃出租人在什麼情況下可以提供更詳細的信息披露，提出了一種可操作性的披露方式。SFAS No.13要求出租人披露如下信息：一是租賃淨投資的組成，包括未來收到的最低租賃收款額、執行成本、壞帳準備、未擔保餘值、初始直接費用以及未實現的收入；二是未來五年中每年將收到的最低租賃收款額。

現行會計準則關於出租人的信息披露是最佳的披露方式，因此在遵循新模式披露要求時，出租人仍可遵循SFAS No.13的披露要求。但出租方的管理人員在進行出租業務的信息披露時，仍有動機提供更少的信息披露，選擇某種相關的租賃會計政策進行盈餘管理，如對無法收回的應收租賃款以及剩餘價值進行盈餘管理。盈餘管理的動機是有據可查的。例如，管理人員面臨分析師的盈利預測壓力，經理人員也可能面臨著按績效考核對公司的盈利分紅提成。通過提供不充分的信息披露，出租人可以掩蓋存在於財務報表中的瑕疵，只對外提供漂亮的財務信息。

中國要求租賃公司的信息披露執行商業銀行財務報表格式和附註的規定，而中國目前只有渤海租賃公司上市，因此本書以渤海租賃公司為例分析出租人的信息披露。下面的摘錄是從渤海租賃公司的2011年年報中提取出來的。

租賃附註摘錄

渤海租賃是中國目前唯一一家主營出租業務的上市公司。渤海租賃股份有限公司的前身是新疆匯通（集團）股份有限公司，2011年經過資產重組之後，變更為"渤海租賃"。表6.9顯示渤海租賃公司的融資租賃收入總額。

表 6.9   2011 年渤海租賃公司的融資租賃收入總額

單位：億元

長期應收款項目	2011 年 12 月 31 日	2010 年 12 月 31 日
融資租賃收入總額	179.68	120.75
減：未實現融資收益	57.77	51.70
加：未擔保餘值	3.46	3.46
融資租賃	125.37	72.51
合計	125.37	72.51

表 6.10 為渤海租賃公司 2011 年的融資租賃固定資產情況，主要是房屋及建築物、機器設備。

表 6.10 2011 年渤海租賃公司融資租賃固定資產情況

單位：億元

項目	年初數	本期增加	本期減少	期末數
融資租賃項目	—	61.35	61.35	—

表 6.11 為渤海租賃公司主營業務收入和成本情況。營業收入本期發生額較上期增加 4.92 億元，增長 85.24%，主要系天津渤海本期新增融資租賃項目租金收入所致；營業成本本期發生額較上期增加 2.86 億元，增長 1.02 倍，主要系天津渤海本期新增融資租賃項目借款利息支出所致。

表 6.11   2010—2011 年渤海租賃公司
主營業務收入和成本情況   單位：億元

項目	2011 年	2010 年
營業收入	10.69	5.77

表6.11(續)

項目	2011年	2010年
其中：主營業務收入	10.69	5.65
其他業務收入	—	0.12
營業成本	5.67	2.81
其他業務支出	—	—

此外，渤海租賃公司在銷售費用和管理費用中分別披露了2010—2011年租賃費的金額，如表6.12和表6.13所示，關聯租賃情況如表6.14所示。

表6.12　　2010—2011年渤海租賃公司銷售費用中的租賃費用金額

單位：萬元

項目	2011年	2010年
銷售費用	781.31	314.20
其中：租賃費	122.69	1.83

表6.13　　2010—2011年渤海租賃公司管理費用中的租賃費用金額

單位：萬元

項目	2011年	2010年
管理費用	5,619.42	4,289.51
其中：租賃費	163.91	136.15

表 6.14　　　　　　　關聯租賃情況　　　　　單位：萬元

出租方名稱	承租方名稱	租賃資產種類	租賃起始日	租賃終止日	租賃費定價依據	本期確認的租賃費
海航天津中心發展有限公司	天津渤海租賃有限公司	租賃房產	2010.7.15	2013.7.14	協商定價	157.13
海航天津中心發展有限公司	天津渤海融資擔保有限公司	租賃房產	2010.11.26	2013.11.25	協商定價	109.96
蕪湖市建設投資有限公司	皖江金融租賃有限公司	租賃房產	2011.10.1	2013.9.31	協商定價	10.53

6.3　產權流轉的風險披露

產權流轉面臨各種各樣的風險，產權人需要加強風險管理，進行風險分析，以降低風險。產權流轉風險管理主要是識別、消除產權流轉中的不利因素，將風險降到最低。在全球金融危機背景下，如何控制產權流轉的風險成為中國監管部門和企業共同面臨的問題。

6.3.1　風險信息披露的規範

在財務報表中詳細披露產權流轉風險，使流轉雙方獲取充分的信息，從而做出最優決策，是會計信息披露要做的工作。任何一個會計主體都負有社會責任，要將公司未來發展過程中面臨的風險報告給投資者、債權人等外部信息使用者。外部信息使用者通過閱讀公司的財務報告，可瞭解公司的風險狀況，從而做出正確的投資決策。美國證券交易委員會於 1997 年 1 月頒布了財務報告披露準則第 48 號"市場風險——定性和定量的披露"，要求上市公司將風險信息放在"管理層的討論與分析"中進行總體披露，但也不排除在附註中披露金融工具風險。對風險信息的描述一般採用定性描述和定量描述相結合的方式。定性風險信息的披露內容應當包括產權流轉的目的、管理風險和動機，與產權流轉相關的風險管理制度、程序及重大變化，風險種類及內容的描述，相關的應急處理程序和管理政策，公允價值的級次、假設和取得方式。定量風險描述則應包括整體風險的計量、風險敞口、風險壓力測試、敏感性分析等。中國會計準則或制度沒有統一風險信息的披露規定，大部分信息在董事會報告中披露，也有一部分在內部控制、公司治理或會計報表附註中披露，造成風險披露凌亂分散，給報告使用者的閱讀帶來了不便。

如果在產權流轉過程中，風險管理不到位，導致問題出現，將使公司背上沉重的包袱。鑒於此，中國應參照美國及國際上風險管理的先進經驗，在產權流轉中全面推行風險管理，制定風險披露相應規範。

年度報告、中期報告、上市公告、招股說明書以及其他臨時公告是上市公司披露風險信息的載體。2006 年，上海證券交易所和深圳證券交易所相繼發布了內部控制指引，旨在提高上市公司風險管理水平，保護投資者的合法權益，但目前的風險信息披露仍不規範，沒有發揮應有的保護作用。中國發布的《企業內部控制基本規範》將信息披露從自願性披露向強制性披露過渡，逐步與國際信息披露接軌。風險管理要想達到理想狀態，應統一規範風險管理制度和風險披露的位置，將風險分析和風險對策分開披露，文字表達要清晰、不含糊，應結合採用定量與定性描述風險信息。

6.3.2　中國上市公司產權流轉風險信息的披露現狀

本書選擇在滬深兩市上市的採掘業（包括石油類板塊、有色金屬板塊、鋼鐵板塊和煤炭採選板塊）、房地產建築類（包括房地產板塊和工程建設板塊）和航空類364家上市公司的2011年年度報告為研究對象，其中，採掘類上市公司162家，民航類9家，房地產建築類193家，選取這364家公司是基於產權流轉。其中，92家公司未披露產權流轉的風險信息，1家公司的年報無法複製下載，因此我們的樣本為271家，樣本分佈情況如表6.15所示。

表6.15 樣本公司產權流轉風險披露情況及行業分佈

行業	公司數量（家）	百分比（%）
房地產建築類	143	52.77
採掘類	119	43.91
民航類	9	3.32
合計	271	100.00

為了獲取樣本公司的風險信息，本書在深圳證券交易所和上海證券交易所網站下載三類公司2011年年度財務報告，在年報中輸入關鍵詞"風險"，逐頁查找與風險相關的信息，包括"公司面臨的風險和對策""風險控制與評估""可能對公司未來發展戰略和經營目標的實現產生不利影響的風險因素分析與應對""未來發展的風險提示及應對措施""公司面臨的主要風險的識別與分析""金融風險管理"等風險披露信息。風險信息披露的詳細程度通過統計風險描述的字數來反應，按風險分析和風險對策分別統計。從統計結果來看，中國現階段上市公司風險信息披露程度的整體水平比較低，但近年來有明顯上升的趨勢，披露中仍然存在一些問題。具體披露問題如下：

第一，風險信息披露位置不統一。從查詢的結果來看，238家公司在附註中的"董事會報告"中披露風險。其中，145家公司在"董事會報告"中設置"管理層討論與分析"來披露風險；100家公司在"未來展望"中披露風險；6家公司在"公司主營業務範圍及其經營狀況"中披露風險；2家公司在"新年度的經營計劃"中披露風險；1家公司在"董事會"下的"內部控制"中披露風險。有的公司在"董事會報告"中直接設置"風險因素及應對措施"項目來披露風險；有的公司在"應當披露的其他事項"中披露風險，如日上集團公司；9家公司在"公司治理結構"中披露風險信息；28家公司在"內部控制"中披露風險信息；4家公司在"公司治理"下設置"內部控制部門"披露風險；26家公司在附註中披露風險信息，在報表附註中披露的信息主要是金融工具風險信息。有1家公司在財務報告附註中單獨設置"管理層討論與分析"來披露風險信息情況。其餘的公司沒有規定，比較隨意。從三類公司來看，房地產建築類和採掘業類公司一般在"董事會報告"中披露風險。採用租賃業比較多的民航業公司一般在附註中披露金融工具風險。

　　就管理層討論與分析來看，有的公司直接設置章節披露信息；有的公司放在"董事會報告"中；有的公司在"公司經營情況的回顧"下設置"管理層討論與分析"項目（這樣的公司有2家）；有的公司在"管理層討論與分析"下設置"報告期內公司經營情況回顧"來披露信息（這樣的公司有5家）；有的公司在"管理層討論與分析"下設置"對公司未來發展的展望"項目披露風險（這樣的公司有77家）；有的公司在"公司未來發展展望"下設置"管理層對所處行業的討論與分析"來披露風險（這樣的公司有2家）。總之，風險信息披露方式比較混亂，沒有統一的標準。風險信息披露位置分佈如表6.16所示。

表 6.16　　　　　　　　風險信息披露位置

行業	管理層討論與分析	董事會報告	公司治理	內部控制	監事會報告	附註
房地產建築類	1	125	9	16	—	12
採掘類	—	108	—	10	—	10
民航類	—	5	—	2	—	4
合計	1	238	9	28	—	26

　　第二，風險披露的內容不統一。從樣本公司來看，有的合併披露風險，有的按風險種類披露風險，有的按行業板塊或開發項目披露風險。143家房地產建築類公司中披露最多的是政策風險，有88家，占45.6%；之後依次為市場風險69家，占35.75%；財務風險62家，占32.12%；經營風險51家，占26.42%；管理風險38家，占19.69%。披露最少的是自然風險和募集資金投向風險，分別為4家和2家。披露風險對策的有130家，占67.36%。119家採掘類公司中，披露最多的是經營風險，有66家，占40.74%；其次為市場風險有64家，占39.51%。披露風險對策的有111家。採掘業公司除了披露這些常規風險之外，還披露了該行業特有的風險，如探礦及採礦風險（3家）、安全環保風險（10家）、金屬價格波動風險（16家）。航空類公司披露了航油價格風險。房地產上市公司沒有詳細披露土地受讓或轉讓的風險，也沒有公司特別披露租賃存在的風險。

　　第三，風險披露詳略程度不統一。上市公司披露風險的方式有三類：第一類是做總體描述，字數較少。第二類是分類別詳細披露，字數較多。在董事會報告或內控公司治理中披露風險的有270家公司，總體描述的平均字數為1,188.3個字，其中最大值為16,905個字，最小值為65個字，標準差為2107.22；

進行風險分析的有 244 家公司，樣本平均值為 455.63 個字，最大值為 3,423 個字，最小值為 40 個字，標準差為 436.763；披露風險對策的有 223 家公司，樣本平均值為 937 個字，最大值為 16,905 個字，最小值為 44 個字，標準差為 2,298.191（見表 6.17）。

第三類是在附註中詳細披露金融工具風險管理，這種披露文字非常多，有 45 家公司在附註中披露了金融風險。經描述性統計，樣本平均值為 7,639.27 個字，最大值為 34,777 個字，最小值為 626 個字，標準差為 8,043.366（見表 6.18）。

表 6.17　　　　　　風險披露的描述統計量

	N	極小值	極大值	均值	標準差
總體風險描述統計量	270	65	16,905	1,188.30	2,107.222
產權流轉風險描述統計量	244	40	3,423	455.63	436.763
產權流轉風險在附註中披露的描述統計量	223	44	16,905	937.70	2,298.191

表 6.18　產權流轉風險在附註中披露的描述統計量

	N	極小值	極大值	均值	標準差
V5	45	626	34,777	7,639.27	8,043.366
有效的 N（列表狀態）	45				

第四，風險披露方式有定性描述和定量描述。從 271 家公司來看，243 家公司進行定性描述，分析了風險產生的原因，闡述了風險對公司可能產生的影響和後果，主要使用了諸如"公司面臨的風險""……面臨一定的壓力""存在一定的……風

險""……帶來較大影響""帶來的多層面影響"之類的用語。45家公司採用定性和定量描述相結合的方式，進行定量描述的多為金融工具風險管理，並且在附註中披露，如最大信用風險敞口、信用質量分析、流動性壓力測試、利率和匯率敏感性測試等。

6.3.3 產權流轉風險信息披露對策

針對目前產權流轉風險披露存在的問題，擬提出如下建議：

6.3.3.1 統一產權流轉風險信息披露的位置

從樣本結果來看，目前上司公司進行風險披露的位置五花八門，沒有統一的規範，有的在"管理層討論與分析"中對風險進行總體描述，有的在董事會報告中進行披露，有的在內部控制制度中進行披露，有的在監事會報告中進行披露，有的在公司治理結構中披露，也有的在附註中披露，但目前在附註中披露的主要是金融工具風險。建議各個公司統一在"管理層討論與分析"中披露風險，並按類別披露，增加風險信息披露的可比性。

6.3.3.2 增加披露產權流轉的風險信息

從樣本結果看，房地產公司披露最多的是政策信息，因為國家宏觀政策對土地和房地產市場影響非常大，市場風險和財務風險也相對較多。但房地產公司沒有披露受讓方和轉讓方的風險。針對這種不足，有土地流轉的公司應增加披露受讓方和轉讓方風險。中國上市租賃公司不多，當租賃業務越來越發達的時候，租賃公司上市也會逐步增加，應制定租賃業務的風險披露規範。

產權流轉的風險類型比較多，在進行披露時最好分類披露。因為分類披露可以清晰地反應公司風險的構成及各種風險對公司未來收益的影響，使投資者更加清晰地瞭解公司風險，同時有助於公司自身進行風險管理，採取正確的策略。風險分類還可以增加風險披露的可比性和一致性。

6.3.3.3　針對產權流轉不確定性程度大小確定風險披露的詳略程度

對風險信息披露時，要從產權流轉的不確定性程度考慮，對高度不確定性產權流轉應披露更多的信息，以幫助投資者進行決策。對中度不確定性產權流轉的信息披露可以減少。低度不確定性產權流轉因其不確定性程度較低，投資者能夠獲得比較多的信息，因此其本身的風險不確定性信息不多。

6.3.3.4　在定性描述的基礎上，定量計量風險價值

日益成熟的投資者不滿足於定性的風險信息，投資者希望更加清晰地瞭解公司所存在的風險對公司價值產生的影響，更加希望將這種影響能夠具體化、定量化，獲取公司在風險管理對策方面更多的信息以便進行風險比較。但目前進行定性描述的比較多，定量計量的較少，並且現有的定量描述主要針對衍生金融工具，建議公司通過計算風險價值來度量風險，可採用敏感性分析、VAR分析等方法。對風險進行有效計量的公司說明其評估風險的能力較強，能有效地進行風險管理，是投資者值得信賴的公司。敏感度分析可以反應公司受市場不確定性影響的大小，相對簡單易行，目前中國主要用於衍生金融工具的風險計量。VAR分析是在給定的一個置信區間和時間前提下，衡量公司的潛在損失，幫助公司和投資者做出客觀的風險評價。

6.3.3.5　增加披露風險管理對策

風險管理對策是在管理層評估了相關的風險之後，所做出的防範、控制、轉移、補償風險的各種對策和措施。如果公司已經知道風險的存在，就要採取相應的對策進行風險管理，以避免風險損失的發生。因此，公司應在披露風險類型和程度的基礎上，披露相應的風險管理措施，幫助投資者瞭解和評估公

司的風險狀況以及管理層如何管理各種風險。公司在進行風險管理時，可以採取風險分擔、風險規避、風險降低和風險接受等措施。從樣本結果來看，絕大部分公司披露了風險對策，但是有的公司披露非常詳細，有的公司就非常簡單，只用寥寥幾十個字就描述了風險管理的對策。在財務報告中披露風險管理對策時，應借鑑國外會計職業團體的先進披露經驗，應按類別提出相應的風險管理對策。

6.4 本章小結

本章主要研究不確定性下產權流轉的信息披露問題。首先，闡述現行會計準則下礦業權、土地使用權和租賃業務的信息披露規定；其次，針對現行披露存在的問題，提出改進的建議；最後，通過實證研究的方法，闡述礦業權流轉、土地使用權流轉和租賃業務下風險的披露程度。產權流轉的不確定性程度不同，在報表附註中披露的風險和不確定性程度也不相同，實證分析得出結論，不確定性程度越高，要求披露的風險信息越詳細。

7 研究結論與展望

7.1 研究結論

本書以價值理論、產權理論、契約理論、不確定性理論以及財務會計概念框架理論為基礎，運用規範分析和實證分析相結合的研究方法，選擇不確定性的部分產權流轉的會計計量與披露為研究對象，並根據部分產權流轉不確定性程度的高低，將其分為高度不確定性產權流轉、中度不確定性產權流轉和低度不確定性產權流轉。以公允價值為主線，對產權流轉價值的會計計量及信息披露進行了系統的研究，得出以下基本結論：

第一，構建基於不確定性的產權流轉會計概念框架體系。不確定性和風險雖有區別，但在實際工作中很難區分，因此本書對二者不進行區分。產權流轉過程面臨各種各樣的風險和不確定性，對主體財務報表的影響程度也不盡相同，如礦業權流轉風險最大，租賃業務風險相對較低。因此，本書基於風險和不確定性程度的大小，構建產權流轉概念框架體系，包括產權流轉會計對象及會計要素的確定，產權流轉的確認、計量與信息列報和披露。本書特別提出產權流轉會計應以公允價值作為主要計量屬性。

第二，高度不確定性產權流轉計量：以礦業權為例。中國是公有制國家，礦產資源歸國家所有，企業法人組織和公民個人只能勘探和開採礦產資源，擁有部分使用權和收益權。礦業權的流轉是價值的流轉，根據價值理論和效用理論，探礦權的價值由探礦權有償取得成本、地勘投入及環境補償費以及探礦權轉讓收益和稅費構成。採礦權的價值則由內在價值和外在價值構成。其內在價值是大自然的恩賜，是未來收益的現值（超額利潤），決定於所獲得的礦產資源儲量的質和量及其經濟效用。外在價值由探礦權價值、國家所有者權能價值和政府管理權能價值構成。有市場就有價值的評估，本書採用 Black-Scholes 期權定價模型對礦業權進行評估。取得的礦業權需根據評估的價值進行計量，本書在比較各國礦產資源會計準則及計量方法的基礎上，探討公允價值在礦業權流轉過程的運用，並從受讓方和轉讓方兩個角度分析礦業權的會計處理。

第三，中度不確定性產權流轉計量：以土地使用權為例。《中華人民共和國憲法》規定，土地所有權歸國家及農民集體所有，企業法人組織和公民個人只能使用土地，實行兩權分離的土地產權制度。建立在土地制度基礎上的產權流轉包括出讓和轉讓兩種方式，形成中國的土地一級市場和二級市場。一級市場的出讓主要採取協議、招標或者拍賣方式，二級市場的流轉主要採取在平等主體之間的轉讓、租賃、抵押、互換、入股、贈與或繼承等方式。本書主要探討二級市場的土地流轉，從轉讓方和受讓方兩個角度研究土地流轉價值的確認與計量，建議採用歷史成本和公允價值混合計量土地流轉價值。

第四，低度不確定性產權流轉計量：以租賃業務為例。租賃業務作為一種新的融資手段在全球得到了迅速的發展，中國已經躍居全球租賃業務的第四大國。租賃是一項關於使用權的契約，從產權理論角度考慮，租賃是出租人轉移資產的使用權而不是所有權給承租人，並收取租金的活動。美國、澳大利亞、中國及國際會計準則理事會都發布了單獨的租賃準則，並實現租賃業務會計處理的國際趨同。針對現行租賃業務會計處理的二分法存在的弊端，提出租賃會計新模式——"使用權"模式。本書從出租方和承租方兩個角度探討會計處理問題，選擇航空運輸業的4家上市公司進行研究，分析經營租賃資本化後，對資產、負債以及財務比例的影響，不僅使流動負債和總負債增加，與經營租賃承諾資本化相應的租賃資產也隨之增加，流動比率和資產負債率相對於資本化前有提高，經營租賃資本化對收入及股東權益也會產生影響。

　　第五，不確定性產權流轉信息披露。本書主要研究不確定性下產權流轉的信息披露問題。首先，闡述現行準則下礦業權、土地使用權和租賃業務的信息披露規定。其次，針對現行披露存在的問題，提出改進的建議。最後，通過實證研究的方法，闡述礦業權流轉、土地使用權流轉和租賃業務下風險的披露程度。產權流轉的不確定性程度不同，在報表附註中披露的風險和不確定性程度也不相同，實證分析得出結論，不確定性程度越高，要求披露的風險信息越詳細。本書總結現有的披露經驗級存在的問題，提出不確定性產權流轉風險信息披露的對策。

7.2　研究展望

　　本書的研究從產權理論、契約理論、不確定性理論和財務會計概念框架理論出發，對部分產權流轉會計問題進行了研究，構建了產權流轉會計概念框架體系，提出運用公允價值進行產權流轉價值的計量和信息披露，得出了相關的結論，以下一些問題可以進一步研究：

第一，在會計環境成熟條件下，運用公允價值計量模式對產權流轉進行確認、計量和報告需要進一步研究。公允價值計量的具體模式尚需進一步明確，如產權流轉資產的具體範圍、產權流轉公允價值的估計、何時初始確認、何時再確認與重新計量、產權流轉價值變動如何列報等。

　　第二，礦產資源、土地資源以及租賃資產的價值評估方法和評估技術與會計計量有聯繫，但應屬於資源經濟研究的範圍，限於篇幅，在本書中尚未進行相關研究，有待進一步研究。

　　第三，為了以公允價值計量的產權流轉信息取得使用者的信賴，如何審計產權流轉的公允價值值得進一步研究。

　　總之，雖然筆者進行了大量的研究，做出很大的努力，但是在本書的研究和寫作過程中，難免存在理論和實務上的不成熟觀點以及各種差錯和問題，敬請有關學者和讀者提出寶貴意見，不勝感謝。

參考文獻

[1] 陳潔, 龔光明. 土地流轉價值計量與風險控制 [J]. 理論探討, 2011 (4): 110-112.

[2] Alchian A A. Some Economics of Property Rights. Economic Forces at Work [M]. Detroit: Liberty Press, 1965: 816-829.

[3] Merryman J H. The Civil Law Tradition: An Introduction to The Legal System of Western Europe and Latin America [M]. 2nd edition. CA: Stanford University Press, 1985: 236-239

[4] Daniel H Cole, Peter Z Grossman. The Meaning of Property "Rights": Law vs Economics [J]. Forthcoming in Land Economics, 2000, 19 (4): 1-24.

[5] Furubotn E G, Richter R. Institutions and Economic Theory: The Contribution of The New Institutional Economics [M]. MI: The University of Michigan Press, 2000: 36-37.

[6] Demsetz H. Towards a Theory of Property Rights [J]. American Economic Review, 1967, 57 (2): 347-359.

[7] North D C. Institutions, Institutional Change and Economic Performance [M]. Cambridge and New York: Cambridge University Press, 1990: 79.

[8] 伊特韋爾, 等. 新帕爾格雷夫經濟學大辭典 [M]. 陳岱孫, 等, 譯. 北京: 經濟科學出版社, 1996: 9-10.

[9] Barzel Y. Economic Analysis of Property Rights [M]. Cambridge: University Press, 1989: 13-16.

[10] W Nicholson. Micro economic [M]. 5th edition. New York: Dryden Press, 1992: 815.

[11] Furubotn E G, Pejovich S. Property Rights and Economic Theory: A Survey of Recent Literature [J]. Journal of Economic Literature, 1972, 10 (4): 1137-1162.

[12] Demsetz H. The Exchange and Enforcement of Property Rights [J]. Journal of Law and Economics, 1964, 12 (7): 11-26.

[13] P. 阿貝爾. 勞動——資本合夥制：第三種政治經濟形式 [M]. 上海：上海三聯書店，1994：23-25.

[14] P Schwartz. Patent Life and R&D Rivalry [J]. American Economic Review, 1974, 64 (1): 183-187.

[15] Pejovich S. The Economics of Property Rights: Towards a Theory of Comparative Systems [M]. Dordrecht, Netherlands: Kluwer Academic Publishers, 1990: 27-28.

[16] Alchian A A, Demsetz H. Production, Information Cost and Economic Organization [J]. The American Economic Review, 1972, 23 (5): 777-795.

[17] Yang T. Property Rights and Constitutional Order in Imperial China [D]. Indiana: Indiana University, 1987, 35-39.

[18] Cheung S N S. The Structure of a Contract and the Theory of Anonexclusive Resource [J]. Journal of Law and Economics, 1970, 6 (13): 49-70.

[19] Cheung S N S. A Theory of Price Control [J]. Journal of Law and Economics, 1974, 17 (1): 53-71.

[20] De Alessi L. The Economics of Property Rights: A Review of the Evidence [J]. Research in Law and Economics, 1980 (145):

561-577.

[21] Kivell P. Land and the City: Patterns and Processes of Urban Change [M]. London: Routledge, 1993: 93-122.

[22] Massey D, Catalano A. Capital and Land: Land Ownership by Capital in Great Britain [M]. London: Edward Arnold, 1978: 156-183.

[23] Richard A Posner. Economic Analysis of Law [M]. Boston, MS: Little Brown, 1973: 643-656.

[24] Andrew Reeve. Property [M]. London: Macmillan, 1986: 68-75.

[25] Jaffe A J. On the Role of Transaction Costs and Property Rights in Housing Markets [J]. Housing Studies, 1996, 11 (3): 425-432.

[26] Gary D Libecap. Property Rights in Economic History: Implications for Research [J]. Explorations in Economic History, 1986, 12 (23): 227-252.

[27] De Alessi L. Property Rights, Transaction Costs, and X Efficiency: An Essay in Economic Theory [J]. The American Economic Review, 1983, 73 (1): 64-81.

[28] Walters A A. The Value of Land. In H B Dunkerley, Urban Land Policy: Issues and Opportunities [M]. Oxford: Oxford University Press, 1983: 63-201.

[29] Adams D, Disberry A, Hutchison N, et al. Ownership Constraints to Brown Field Redevelopment [J]. Environment and Planning, 2001, A (33): 453-477.

[30] Zhu J. Urban Development Under Ambiguous Property Rights: A Case of China's Transition Economy [J]. International Journal of Urban and Regional Research, 2002, 22 (1): 41-57.

[31] Anderson Terry L, Hill Peter. The Evolution of Property Rights: A Study of The American West [J]. Journal of Law and Economics, 1975, 18 (1): 163-179.

[32] Umbeck J. The California Gold Rush: A Study of Emerging Property Rights [J]. Explorations in Economic History, 1977, A (14): 197-226.

[33] Umbeck J. A Theory of Contract Choice and the California Gold Rush. The Journal of Law & Economics, 1977, b (20): 421-437.

[34] Schotter Andrew. Economics and the Theory of Games: A Survey [J]. Journal of Economic Literature, 1980, 18 (2): 479-527.

[35] North D C. Structure and Change in Economic History [M]. London: Norton, 1981: 123-156.

[36] Libecap G D. Contracting for Property Rights [M]. Cambridge: Cambridge University Press, 1989: 132.

[37] Robert, Sugden. A Theory of Focal Points [J]. Economic Journal, 1995, 105 (430): 50-533.

[38] Robert, Sugden. Book Reviews [J]. Journal of Economic Methodology, 1998, 5 (1): 157-163.

[39] Young H P. An Evolutionary Model of Bargaining [J]. Journal of Economic Theory, 1993, 59 (1): 145-168.

[40] Young, H P. The Economics of Convention [J]. Journal of Economic Perspectives, 1996, 10 (2): 22-105.

[41] Sumner J, La Croix. Property Rights and Institutional Change during Australia's Gold Rush [J]. Explorations in Economic History, 1992, 36 (29): 206-227.

[42] Nellie James. An Overview of Papua New Guinea's Mineral

Policy [J]. Resources Policy, 1997, 23 (1/2): 97-101.

[43] Helena McLeod. Compensation for Landowners Affected by Mineral Development: The Fijian Experience [J]. Resources Policy, 2000, 63 (26): 115-125.

[44] Linda Fernandez. Natural Resources, Agriculture and Property Rights [J]. Ecological Economics, 2006, 78 (57): 359-373.

[45] 伊利, 等. 土地經濟學理 [M]. 北京: 商務印書館, 1982: 223-225.

[46] Alonso. Location and Land Use [M]. Cambridge, MA: Harvard University Press, 1964: 267-278.

[47] Mills Edwsns. An Aggregative Model of Resource Allocation in Metropolitan Areas [J]. Ameriean Economic Review, 1967, 15 (57): 197-210.

[48] Willem K, Korthals Altes. The Single European Market and Land Development [J]. Planning Theory & Practice, 2006, 48 (3): 247-266.

[49] Saturnino M, Borras JR. Can Redistributive Reform be Achieved via Market-Based Voluntaru Land Transfer Schemes: Evidence and Lessons from the Philippines [J]. The Journal of Development Studies, 2005, 65 (1): 69-76.

[50] Jean Philippe Colin, Mourad Ayouz. The Development of a Land Market [J]. Land Economics, 2006, 82 (3): 404-423.

[51] Nivelin Noev. Contracts and Rental Behavior in the Bulgarian Land Market [J]. Eastern European Economics, 2008, 125 (7): 7-8.

[52] Anka Lisec, Miran Ferlan, Franc Lobniketal. Modelling the Rural Land Transaction Procedure [J]. Land Use Policy, 2008

（2）：286-297.

[53] Tim Dixon. Urban Land and Property Ownership Patterns in the UK：Trends and Forces for Change [J]. Land Use Policy, 2009（265）：543-553.

[54] ESpen Sjaastad, Ben Cousins. Formalisation of Land Rights in the South：An Overview [J]. Land Use Policy, 2008（26）：369-436.

[55] 羅斯·L.瓦茨, 杰羅爾德·L.齊墨爾曼. 實證會計理論 [M]. 陳少華, 等, 譯. 大連：東北財經大學出版社, 2006：1.

[56] 龔光明, 陳潔. 採掘行業財務會計與報告的基本問題研究 [J]. 中國石油大學學報, 2010, 26（3）：11-15.

[57] 陳潔, 龔光明. 澳大利亞採掘業會計的特色與啟示 [J]. 會計之友, 2010（7）：125-127.

[58] 牛福增. 關於堅持馬克思主義產權理論的若干思考 [J]. 馬克思主義與現實, 1997（5）：4-8.

[59] 劉詩白. 產權新論 [M]. 成都：西南財經大學出版社, 1993：132-136.

[60] 張軍. 現代產權經濟學 [M]. 上海：上海人民出版社, 1994：134.

[61] 唐賢興. 產權、國家與民主 [M]. 上海：復旦大學出版社, 2002：12.

[62] 胡敏. 風景名勝資源產權的經濟分析——以自然旅遊地為例 [D]. 杭州：浙江大學, 2004：1.

[63] 張利庠, 岳利萍. 中國自然資源產權市場的經濟學分析 [J]. 改革, 2007（1）：1-6.

[64] 吳海濤, 張暉明. 資源性國有資產的資產化管理 [J]. 上海經濟研究, 2009（6）：30-37.

[65] 許抄軍, 羅能生, 王良健. 中國礦產資源產權研究綜述及發展方向 [J]. 中國礦業, 2007, 16 (1): 23-25.

[66] 孟昌. 對自然資源產權制度改革的思考 [J]. 改革, 2003 (5): 114-117.

[67] 吳垠. 礦物資源產權制度的性質、結構與改革取向 [J]. 中國發展觀察, 2009 (5): 23-24.

[68] 羅能生, 王仲博. 基於委託代理模型的中國礦產資源優化配置研究 [J]. 中國人口·資源與環境, 2012, 22 (8): 153-159.

[69] 嚴良. 論礦產資源產權及其明晰的意義 [J]. 科技進步與對策, 2000, 17 (4): 143-144.

[70] 覃蘭靜, 唐小平. 中國礦產資源產權改革的方向——市場化 [J]. 資源·產業, 2004, 6 (2): 10-12.

[71] 王雪峰. 中國礦產資源產權創新的制度分析 [J]. 國土資源導刊, 2008, 5 (1): 30-32.

[72] 胡文國. 煤炭資源產權與開發外部性關係及中國資源產權改革研究 [D]. 北京: 清華大學, 2009: 1.

[73] 陳潔, 龔光明. 礦物資源權益分配制度研究 [J]. 理論探討, 2010 (5): 87-90.

[74] 曹海霞. 中國礦產資源產權的制度變遷與發展 [J]. 產經評論, 2011 (3): 133-139.

[75] 曹建海. 現代產權理論與中國城市土地產權制度研究 [J]. 首都經貿大學學報, 2001 (6): 21-26.

[76] 藍虹. 中國土地產權制度演進的制度經濟分析 [D]. 楊凌: 西北農林科技大學, 2002: 128-129.

[77] 宋玉波. 從制度創新理論看集體土地產權制度建設 [J]. 中國土地科學, 2004, 18 (3): 18-21.

[78] 原玉廷. 論城市土地產權制度的變革與創新 [J]. 中

國土地科學，2004，18（5）：12-15.

［79］潘世炳. 中國城市國有土地產權研究［D］. 武漢：華中農業大學，2005：211.

［80］劉新芝，齊偉，張維，等. 城市土地產權制度的改革研究［J］. 山東社會科學，2006，133（3）：92-95.

［81］譚峻，葉劍平，伍德業，等. 小城鎮土地產權制度與人地關係［J］. 中國土地科學，2007，21（2）：38-43.

［82］萬舉. 國家權力下的土地產權博弈——城中村問題的實質［J］. 財經問題研究，2008，294（5）：11-16.

［83］吳次芳，譚榮，靳相木. 中國土地產權制度的性質和改革路徑分析［J］. 浙江大學學報：人文社會科學版，2010，40（6）：25-32.

［84］譚榮. 土地產權及其流轉制度改革的路徑選擇［J］. 中國土地科學，2010，24（5）：64-69.

［85］劉峰，黃少安. 科斯定理與會計準則［J］. 會計研究，1992（6）：22-29.

［86］郭道揚. 論產權會計觀與產權會計變革［J］. 會計研究，2004（2）：8-15，28.

［87］田昆儒. 產權經濟會計論綱［J］. 財會月刊，1998（6）：6-8.

［88］田昆儒. 再論會計契約：基於產權理論的會計本質考察［J］. 企業經濟，2012，382（6）：5-10.

［89］楊再勇，龔光明. 產權與會計關係論［J］. 當代經濟管理，2008（30）：95-97.

［90］王一夫. 從產權經濟學看企業的會計目標［J］. 會計之友，1997（6）：26.

［91］李梅英. 從產權組織形式分析中國國有企業會計的目標［J］. 內蒙古財經學院學報，1999（2）：87-89.

[92] 胡凱. 從產權的新視角對會計目標進行重構 [J]. 廣西會計, 2000 (3): 27-29.

[93] 伍中信. 產權與會計 [M]. 上海: 立信會計出版社, 1998: 2.

[94] 周華. 從會計恒等式看企業產權觀 [J]. 財會研究, 2009 (7): 24-25.

[95] 施先旺. 動態會計要素: 基於產權價值運動視角的分析 [J]. 會計論壇, 2010, 17 (1): 33-45.

[96] 伍中信, 肖美英. 信息、產權與博弈: 會計監督的經濟學 [J]. 會計研究, 1997 (12): 15-18.

[97] 杜興強. 會計信息的產權問題研究 [J]. 當代財經, 1998 (4): 46-50.

[98] 杜興強. 會計信息產權的邏輯及其博弈, 會計研究, 2002 (2): 52-58.

[99] 夏成才, 王雄元. 論會計信息產權的俱樂部模式 [J]. 會計論壇, 2003, 3 (1): 36-41.

[100] 韓傳兵. 會計信息的產權問題和披露理論 [J]. 經濟研究導刊, 2007, 13 (6): 84-86.

[101] 吳俊英, 孔紅枚. 會計信息產權存續模式: 公共產權或私人產權 [J]. 經濟問題, 2010 (8): 106-110.

[102] 劉昌勝. 會計信息產權的經濟分析框架 [J]. 會計論壇, 2011, 19 (1): 60-70.

[103] 雷光勇. 企業會計契約: 動態過程與效率 [J]. 經濟研究, 2004 (5): 98-106.

[104] 曹越. 產權會計發展的必然: 公允價值計量 [J]. 財會月刊: 綜合版, 2006 (34): 7-8.

[105] 曹越, 伍中信. 產權保護、公允價值與會計改革 [J]. 會計研究, 2009 (2): 28-33.

[106] 張榮武, 伍中信. 產權保護、公允價值與會計穩健 [J]. 會計研究, 2010 (1): 30-36, 97.

[107] 龔光明, 肖文建. 美國石油天然氣財務會計準則的制定及啟示 [J]. 財會通訊, 2000 (11): 56-57.

[108] 龔光明, 李晚金. 關於建立中國石油天然氣會計準則的若干問題 [J]. 江漢石油學院學報: 社科版, 2002 (1): 23-25.

[109] 龔光明, 馬新勇. 石油天然氣行業的會計與報告模式: 儲量認可會計法 [J]. 石油大學學報: 社會科學版, 2002 (1): 4-6.

[110] 龔光明. 油氣資產轉讓收益決定研究 [J]. 江漢石油學院學報: 社科版, 2002 (2): 18-20.

[111] 龔光明. 石油天然氣資產會計論 [M]. 北京: 石油工業出版社, 2002: 5.

[112] 龔光明. 油氣會計準則研究 [M]. 北京: 石油工業出版社, 2002: 8.

[113] 龔光明, 李晚金. 採掘行業財務會計與報告的國際進展 [J]. 上海會計, 2003 (2): 43-45.

[114] 龔光明, 廖雲. 礦物資源勘探與評價活動會計——國際會計準則委員會ED6介評 [J]. 當代經濟管理, 2004 (6): 85-88.

[115] 龔光明, 薛西武. 油氣資產報告: 對SFAS No.19之報告要求的評價 [J]. 西安石油大學學報, 2005 (1): 5-8.

[116] 龔光明, 李晚金. 英國石油天然氣會計規範: 評價與啟示 [J]. 當代經濟管理, 2005 (2): 104-108.

[117] 龔光明, 廖雲. 油氣生產活動揭示: SFAS No.69的揭示邏輯分析 [J]. 石油大學學報, 2005 (4): 12-15.

[118] 龔光明. 中國石油天然氣會計準則的評價與改進 [J]. 中國石油大學學報, 2008 (2): 11-13.

[119] 吳杰, 廖洪. 國際採掘行業會計研究綜述 [J]. 財會通訊, 2005 (9): 77-80.

[120] 吳杰, 許家林. 礦物資源勘探與評價會計準則的國際趨同研究 [J]. 山西財經大學學報, 2005 (12): 130-136.

[121] 吳杰, 張自偉. 中美石油天然氣會計準則比較——對完善中國石油天然氣開採會計準則的建議 [J]. 國際石油經濟, 2005 (12): 41-44.

[122] 吳杰. 採掘行業會計準則制定的國際比較及對中國的啟示——基於對 AASB6 與 IFRS6 的趨同分析 [J]. 中國石油大學學報, 2006 (4): 11-14.

[123] 吳杰, 張自偉. 中國石油天然氣會計準則的國際比較與協調 [J]. 國際石油經濟, 2006 (10): 36-42.

[124] 吳杰, 吉壽松. IASB 採掘業會計研究項目的最新進展 [J]. 中國石油大學學報, 2008 (4): 14-19.

[125] 譚旭紅. 礦物資源資產會計問題研究 [D]. 哈爾濱: 東北林業大學, 2006: 10-13.

[126] 趙選民, 何玉潤. 關於石油天然氣會計核算的幾個問題 [J]. 會計研究, 2002 (2): 58-62.

[127] 李恩柱. 非油氣礦物資源會計問題研究 [J]. 會計研究, 2008 (4): 3-10.

[128] 陳潔. 產權流轉、公允價值計量與企業風險控制 [J]. 求索, 2012 (9): 235-237.

[129] 陳潔, 龔光明. 論採掘活動會計研究的理論基礎 [J]. 財會月刊, 2010 (3): 5-7.

[130] 陳潔, 龔光明. 財務會計概念框架結構國際比較與啟示 [J]. 財會通訊, 2010 (7): 8-12.

[131] 葛家澍. 建立中國財務會計概念框架的總體設想 [J]. 會計研究, 2004 (1): 9-19.

[132] 林斌, 楊德明, 石水平. 不確定性會計信息披露研究 [M]. 北京: 中國財政經濟出版社, 2008: 108.

[133] March J G, H A Simon. Organizations [M]. 2nd edition. New York: Wiley-Blackwell, 1993: 45.

[134] Thompson J D. Organizations in Action [M]. New York: McGraw-Hill, 1967: 37.

[135] 弗蘭克·奈特. 風險、不確定性和利潤 [M]. 郭武軍, 劉亮, 譯. 北京: 華夏出版社, 2011: 16.

[136] Haynes J. Risk as an Economic Facor [J]. Quarterly Journal of Economics, 1985 (9): 409-441.

[137] Chester Arthur Williams, Richard M Heins. Risk Management & Insurance [M]. New York: McGraw-Hill, 1964: 1-755.

[138] 約翰遜, 金屈萊. 會計學原理 [M]. 潘兆申, 譯. 上海: 上海人民出版社, 1989: 3-6.

[139] 林斌. 論不確定性會計 [J]. 會計研究, 2000 (6): 24-29.

[140] 林斌. 不確定性會計的理論與方法研究 [J]. 審計與經濟研究, 2008 (7): 109-110.

[141] 雷光勇. 論會計的不確定性及其適度控制 [J]. 福建金融管理幹部學院學報, 2001 (3): 43-46.

[142] 陳潔, 龔光明. 低碳經濟下中國礦權市場建設研究綜述與分析 [J]. 經濟學動態, 2011 (7): 99-102.

[143] 葛家澍. 葛家澍會計文集 [M]. 上海: 立信會計出版社, 2010 (3): 110.

[144] Barth M, C. Murphy. Required Financial Statement Disclosure: Purposes, Subject, Number and Trends [J]. Accounting Horizons, 1994 (8): 1-22.

[145] 陳潔, 龔光明. 礦產資源價值構成與會計計量 [J]. 財經理論與實踐, 2010 (4): 53-57.

[146] 李萬亨. 礦業權價值的構成及其經濟實現 [J]. 地球科學——中國地質大學學報, 2002 (1): 81-84.

[147] 謝貴明. 礦業權價值構成的初步探討 [J]. 中國國土資源經濟, 2004 (10): 22-23, 48.

[148] 張金路. 探礦權的價值確認與計價方法探討 [J]. 資源產業經濟, 2006 (4): 26-28.

[149] 陳潔, 龔光明. 基於期權的產權流轉價值評估 [J]. 統計與決策, 2012 (3): 173-176.

[150] 陳潔, 龔光明. 公允價值在礦物資源儲量資產上的運用條件分析 [J]. 財會通訊, 2011 (11): 140-141.

[151] Nelson Chan. Land-Use Rights in Mainland China: Problems and Recommendations for Improvement [J]. Journal of Real Estate Literature, 1999 (7): 53-63.

[152] 姜愛林. 國有土地分配與轉讓的現實狀況、存在問題與解決對策 [J]. 財貿研究, 2003 (2): 8-12.

[153] 讓·巴蒂斯特·薩伊. 政治經濟學概論 [M]. 陳福生, 陳振驊, 譯. 北京: 商務印書館, 1997: 60.

[154] 弗·馮·維塞爾. 自然價值 [M]. 陳國慶, 譯. 北京: 商務印書館, 1987: 123-146.

[155] 徐公達, 等. 期權方法在飛機租賃風險管理中的應用 [J]. 上海工程技術大學學報, 2003 (3): 47-50.

[156] 陳潔. 礦物資源價值計量與報告研究 [M]. 北京: 中國財政經濟出版社, 2011: 260-261.

國家圖書館出版品預行編目(CIP)資料

不確定性產權流轉會計論 / 陳潔著. -- 第一版.
-- 臺北市 : 財經錢線文化出版 : 崧博發行, 2018.10
　面 ; 　公分

ISBN 978-986-96840-2-6(平裝)

1.會計

495　　107017660

書　名：不確定性產權流轉會計論
作　者：陳潔 著
發行人：黃振庭
出版者：財經錢線文化事業有限公司
發行者：崧博出版事業有限公司
E-mail：sonbookservice@gmail.com
粉絲頁　　　　　網　址：
地　址：台北市中正區延平南路六十一號五樓一室
8F.-815, No.61, Sec. 1, Chongqing S. Rd., Zhongzheng Dist., Taipei City 100, Taiwan (R.O.C.)
電　話：(02)2370-3310　傳　真：(02) 2370-3210
總經銷：紅螞蟻圖書有限公司
地　址：台北市內湖區舊宗路二段 121 巷 19 號
電　話：02-2795-3656　傳真：02-2795-4100　網址：
印　刷：京峯彩色印刷有限公司（京峰數位）

　　本書版權為西南財經大學出版社所有授權崧博出版事業有限公司獨家發行電子書及繁體書繁體版。若有其他相關權利及授權需求請與本公司聯繫。

定價：400元

發行日期：2018 年 10 月第一版

◎ 本書以POD印製發行